大人的科学

Otona no Kagaku

日本学研教育出版 / 编著
杨林蔚 / 译

风力双脚机器人

北京联合出版公司
Beijing United Publishing Co.,Ltd.

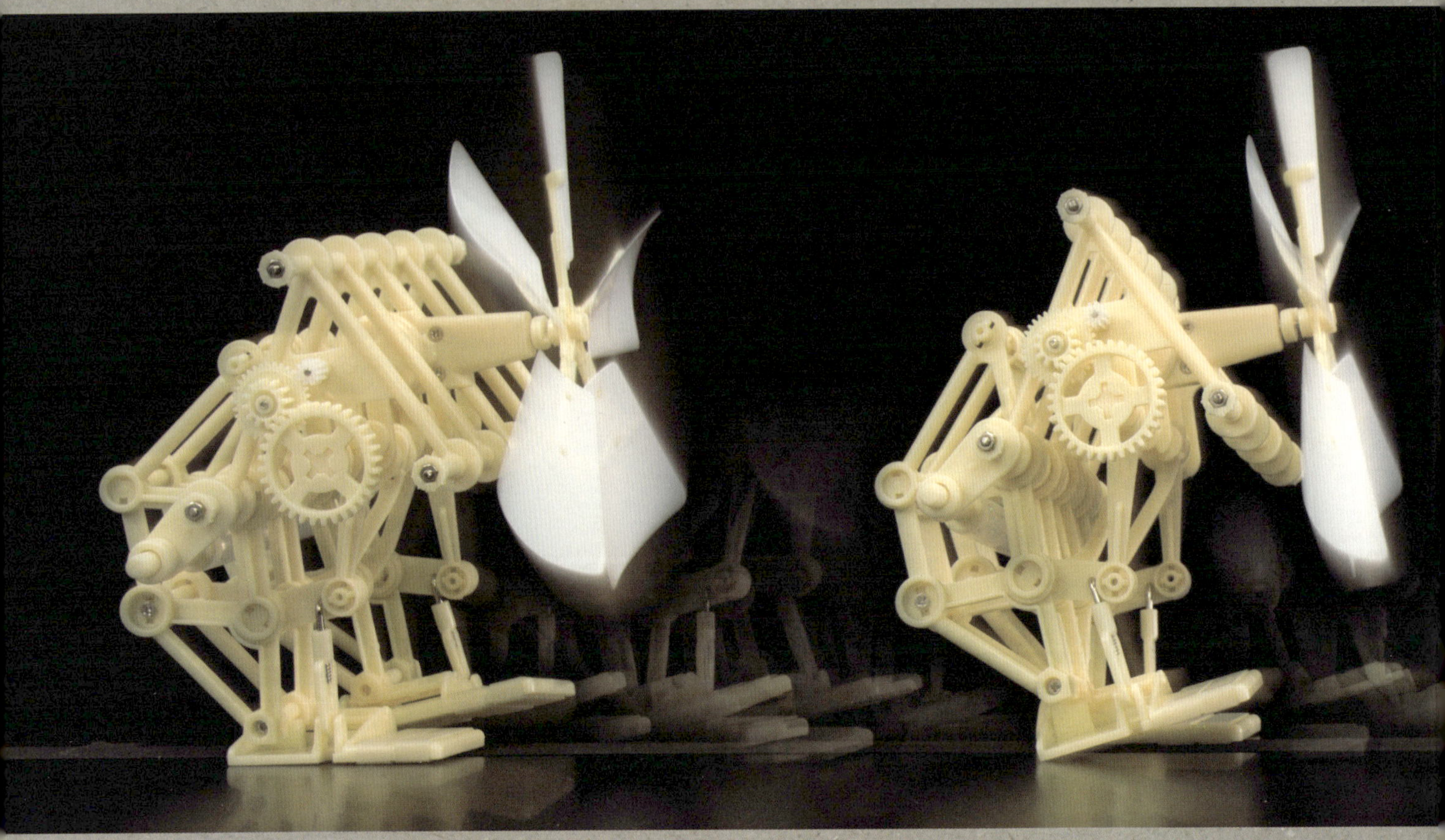

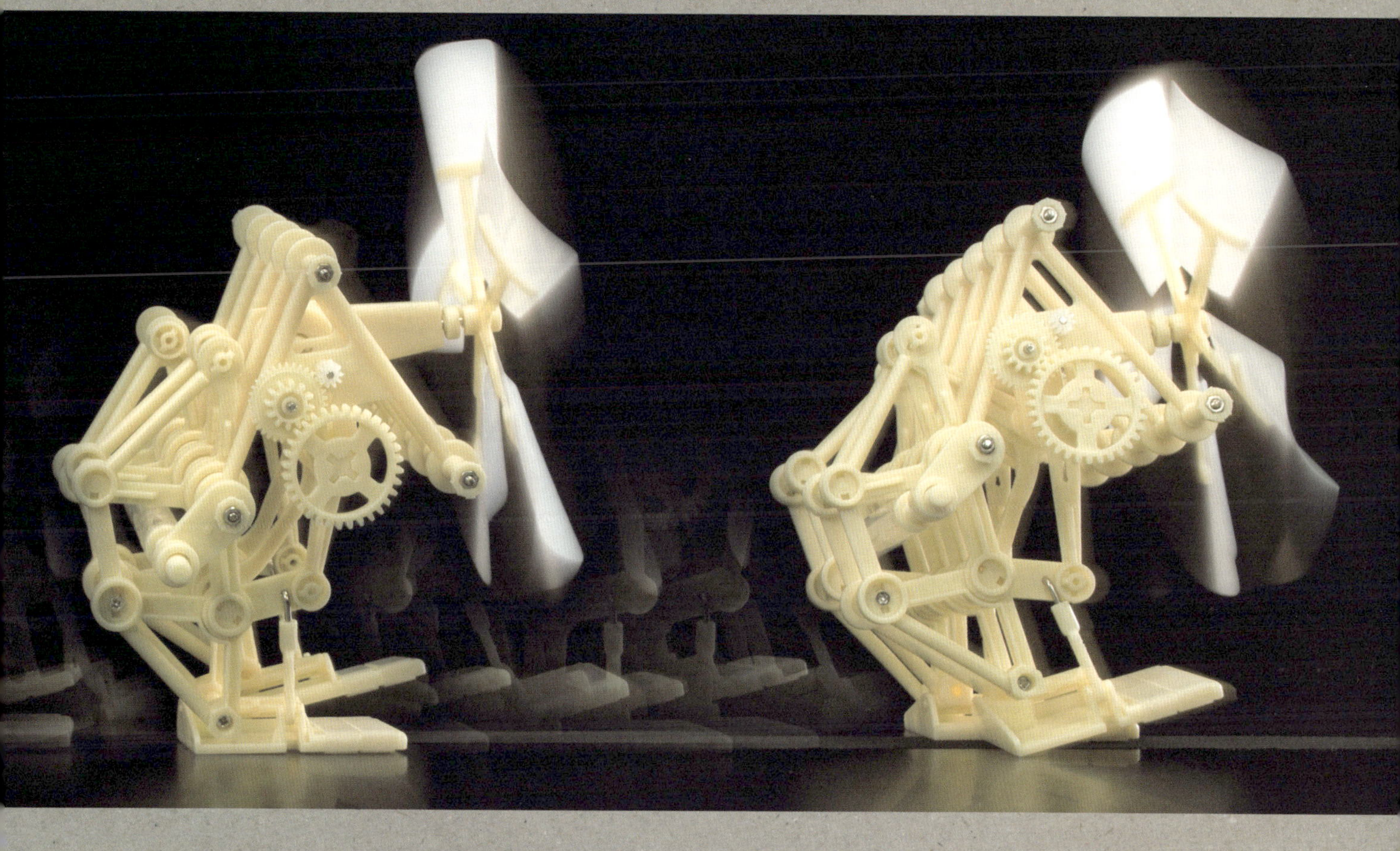

大人的科学

Otona no Kagaku

新速度风力兽 Animaris Adulari 诞生！

泰奥・扬森

荷兰艺术家。1948 年生于斯海弗宁恩（属于海牙市），曾在代尔夫特理工大学研究物理，立志当画家。1990 年，他设计出了由塑料瓶组成身体、能借助风能如动物一般行走的机械怪兽“Strandbeest”。从那以后他对 Strandbeest 进行了数次改良，发明出了包含储藏风能的胃、牵动脚移动的肌肉，甚至具备神经和脑部的新型机器人。《大人的科学》编辑部很早以前就关注了这位艺术家，并把含有风力怪兽“基因”的“风力双脚机器人”作为本书的附件。双脚步行机器人可以说是它进化后的形态。扬森先生把这只小怪兽命名为“Animaris imperio”。Imperio 在拉丁语中是“企鹅”的意思。

IN NETHERLANDS

泰奥•扬森的最新报告

继2011年“Animaris Gubernare”机械怪兽登场之后，最新款的风力怪兽出现在了荷兰的斯海弗宁恩海滩。这款怪兽到底是什么模样？它都有什么样的新技能呢？

协助/ Theo Jansen Media Force Ltd. 采访·撰文/ 工藤夏未

Animaris

▼▶Animaris Adulari
规格为4.8米×3.8米×1.5米，右边的照片是从前方拍摄的。

晃着脑袋走出的新速度

泰奥·扬森最新研制出来的这款风力怪兽叫作“Animaris Adulari”，在拉丁语中Adulari的意思是“摇尾巴”。它是靠着上下左右摇晃脑袋和尾巴前进的。当然了，它也从前几代那里继承了“脚”，保留了它们宛如活物的美妙步法。

新掌握的这种晃脑袋的技能，其实并不是现阶段想要达到的目的。换句话说，在进化过程中，它拥有了这项技能，但它到底能派上什么用场还不清楚。

如果拿生物类比的话，因为突然变异而获得了技能，可是从一开始还不知道它到底有什么用，但当环境发生改变时，这个本事没准就能帮助你生存下去。现在，就处在这个中间的阶段。

2012 年 12 月，泰奥·扬森已经造出了 5 台这样的机械兽。发明者仍在实验研究下一代怪兽能够获得怎样的能力和机能。

Animaris Gubernare
2011年完成，是在Animaris Siamesis(参考P8)的基础上制造出来的，头部的羽毛状部件可以控制自身的前进方向。也就是说，可以不完全受风向影响。
规格: 7.5米×3.5米×4米。

Adulari

下一代怪兽的新技能正在开发中

从最开始的风力怪兽诞生到现在已经过去了20余年，逐步“进化”出了30余个品种。迄今为止的风力怪兽都具有以下的特征：

1. 容易被风吹走；
2. 走在沙滩上时，脚容易陷入沙子中；
3. 轴和脚部进了沙子后，就不能顺利行走。

现在扬森先生正在为解决这三个难题而开发新技术。以下逐条说明：

小型化、把塑料瓶挂在尾部以降低重心

关于第一个难题，怪兽的骨架越大，就越容易被风吹跑。最近的作品Animaris Siamesis（见上图）长4.4米、宽9米、高5米，体重200千克，就不易被风吹走。但是，它巨大的身体失于灵巧，改变方向时就很吃力。

Animaris Adulari则比Animaris Siamesis小巧得多，恢复了轻盈的体态。而且，因为身高降低了1.1米，多少也降低了风的阻力。但

是体重减少，就易受风的影响。琢磨出来的解决方案就是把能储存风的塑料瓶拴在怪兽的尾部上，以此降低重心。之前的怪兽们都是把瓶子安置在体内比较高的地方。

沙子埋不住的脚

因为之前的Animaris Siamesis身体巨大结构复杂，一旦有地方卡住或者无法启动，就会呆立原地。此时如果强行移动它的话，反倒会折断脚。

为了解决陷入沙子中无法移动的问题，之前都是在怪兽的足端套上面积大的“鞋子”。但这还不尽如人意，于是就设计出了与地面平行的、30厘米长的棒状足，不仅不会陷入沙子中，走得还稳当。因为并不是5台Animaris Adulari都装备了这种脚，所以上面的照片中没有显示。

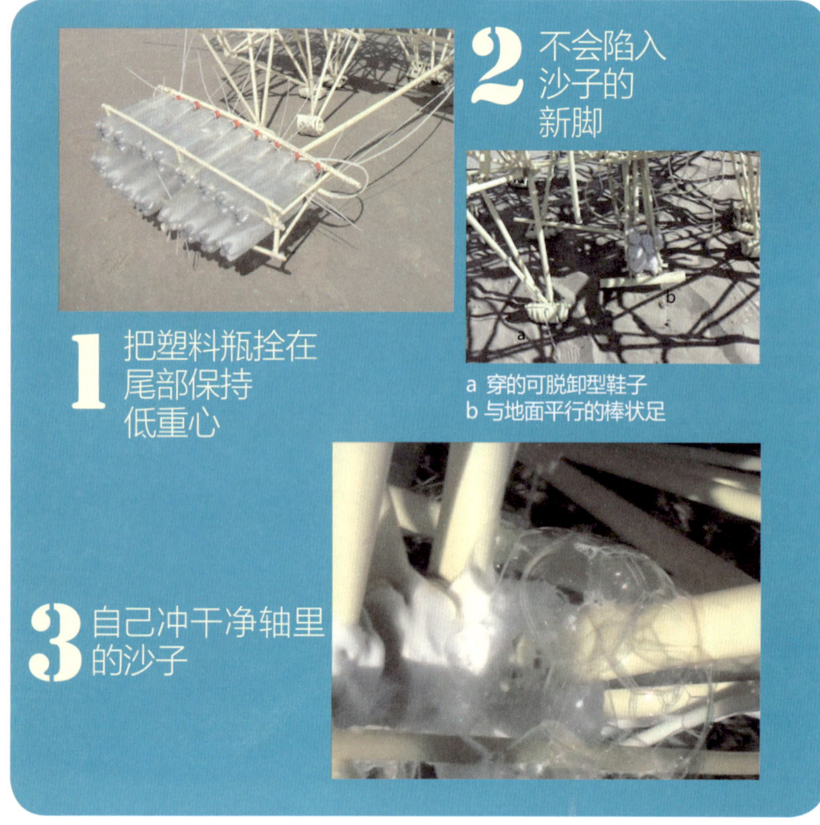

自己洗掉轴中的沙子

为了解决第三个问题，sweat function正在试验开发“擦汗”的技能。就是把掺有洗涤剂的水加入专用的塑料瓶中，通过空气压力把这种水挤到曲轴上，然后轴中夹带的沙子就会跟着泡泡排出去。要是采用这种方法的话，那风力怪兽就会像螃蟹一样边走边吐泡泡了。

Animaris Adulari具有的这些技术，都已经用到新一代的Animaris Currens Umerus身上了。扬森先生在2013年5月的时候让它在斯海弗宁恩的海滩上亮相。

（下）Animaris Siamesis
这款怪兽是由两头怪兽并列组合而成的。是以它的“哥哥”Animaris Umerus为原型造出来的。
规格：4.4米×9.0米×5.0米。
于2009年诞生。

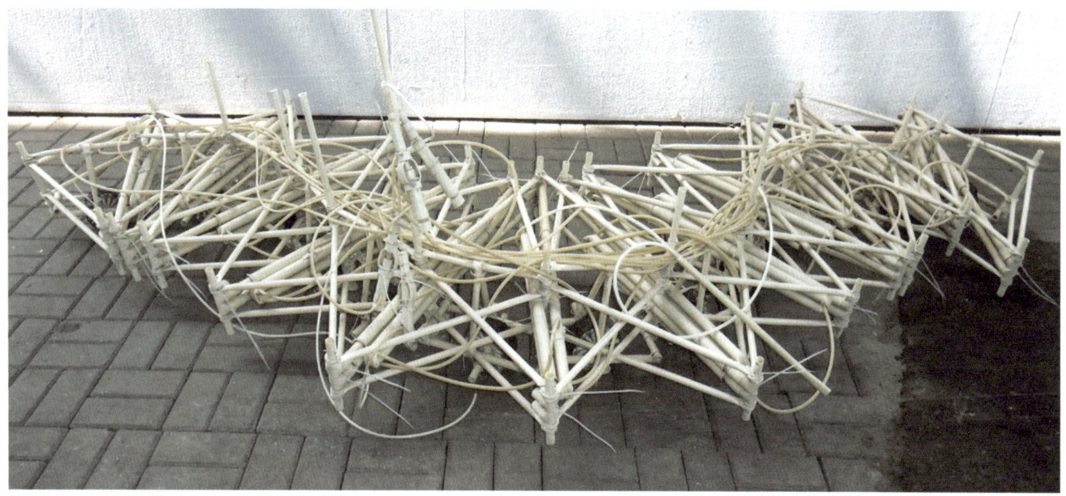

在地面爬行的怪兽Animaris Gubernare也具有新技能，目前正在试验中。

每个风力怪兽都是泰奥·扬森自己用塑料管手工制作的。

Animaris Umerus
Umerus 在拉丁语中是“肩膀”的意思。这款怪兽拥有肌肉——脚的接合部安装有装着压缩空气的塑料管，它可以借助这个行走。规格：3.9 米 ×12 米 ×2 米。于 2010 年诞生。

从迷你怪兽到风力
双脚机器人

探索“进化”的

秘密

《大人的科学》的附件“风力双脚机器人”像因风而生的小动物一样，它的走路姿态吸引了很多读者。它优美的步法来源于泰奥·扬森发明的独特的脚部连接装置。

风力双脚机器人就是在此基础上进行了再加工，拥有了属于自己的步行方法。就让我们用这两个做个比较，来揭开“进化”的秘密吧！

协助 / 永冈昌光　　采访・撰文 / 工藤夏未　　摄影 / 彩虹舍・小林幹彦

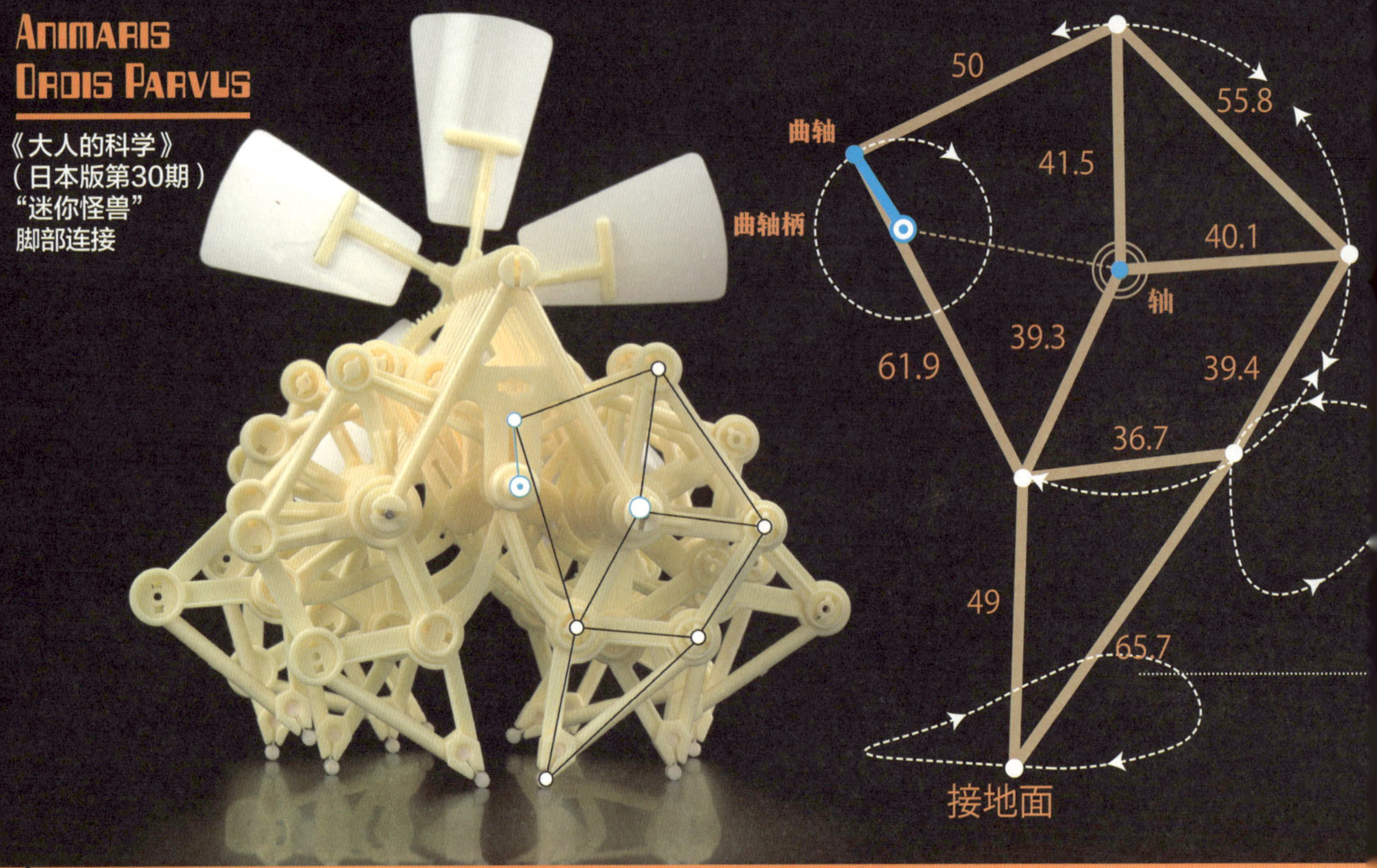

ANIMARIS ORDIS PARVUS
《大人的科学》
(日本版第30期)
“迷你怪兽”
脚部连接
曲轴
曲轴柄
轴
50
55.8
41.5
40.1
61.9
39.3
39.4
36.7
49
65.7
接地面

步行的秘密在于脚的比例中“神圣的数字”

双脚步行的秘密在于重心移动

让我们比较一下迷你怪兽和风力双脚机器人之间的异同。可以明显看出，它俩的脚长得不一样。迷你怪兽共有6组脚，并排的前后脚算一组。它经常保持着前后各2~4只，总共4~8只脚着地的姿势，走起路来非常稳当。与此相对，风力双脚机器人是把迷你怪兽的两组脚合成了一只，左右晃动身体，双脚交替着前进。虽然看起来摇摇晃晃的，但即便是单脚着地也屹立不倒，具有良好的平衡性。只有倾斜身体才能用两只脚行走。

从行进方向的后面观察迷你怪兽，能看到6只脚，前后共有12只脚。

ANIMARIS ORDIS PARVUS
1
2
3
4
5
6

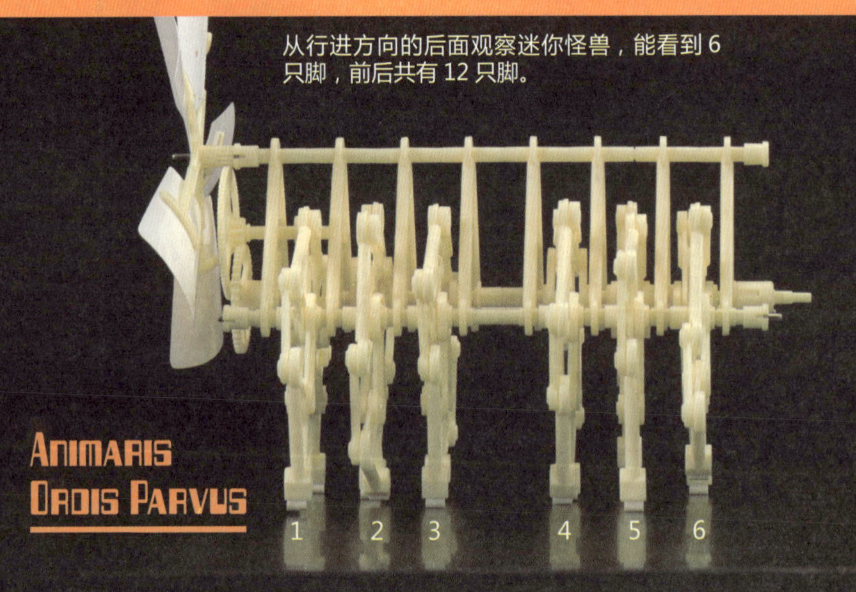

泰奥·扬森于1991年制作出了第一只步行怪兽。那时，他为了让怪兽走起来像哺乳类的大型动物，就用计算机模拟在不同的关节长度条件下，怪兽的脚是如何移动的。然后推导出来走起来最流畅的脚各部分间的比例。他把这些数据称为“神圣的数字”。迷你怪兽的脚就是利用了这些数字，从左右两幅图片就能看出，风力双脚机器人也是这么来的。

ANIMARIS IMPERIO

风力双脚机器人的脚部连接

风力双脚机器人把前后伸展的脚部连接放置到单侧的脚上。风车的位置也从身体侧面挪到了正面。

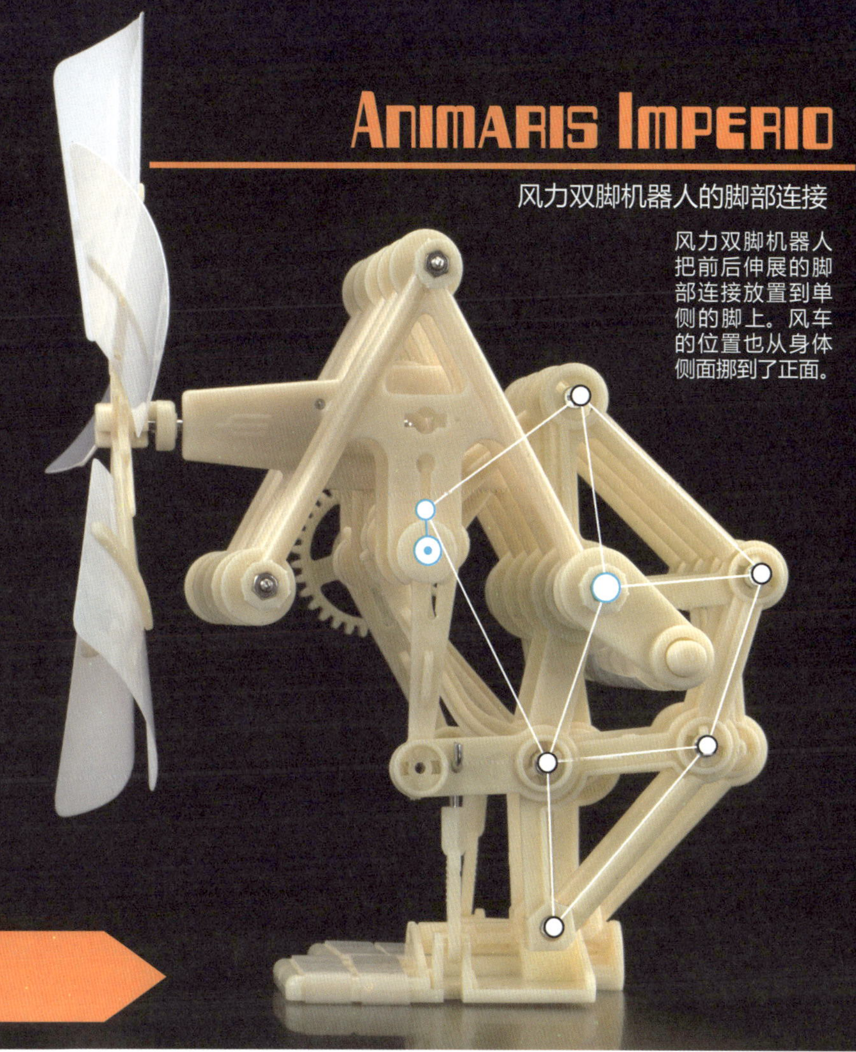

扬森先生发明出来的脚的构造和神圣数字

扬森先生总共公布了13个数字，在这里仅列出迷你怪兽和风力双脚机器人身上所使用的10个数字。

从后面观察风力双脚机器人。把迷你怪兽的1a和1b做成一组，算是一只脚。加上2a和2b共有两只。

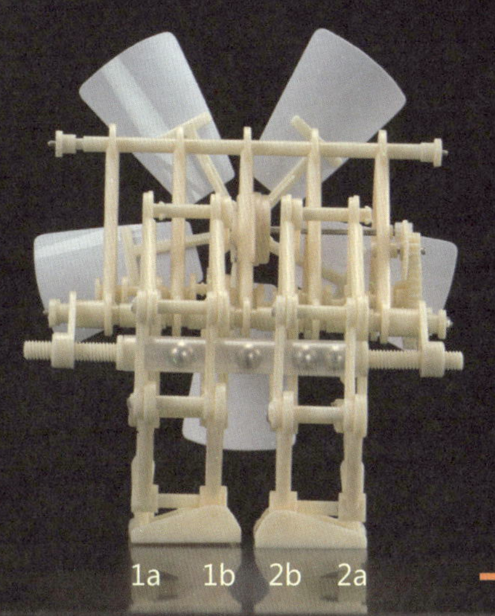

从正面观察行走中的风力双脚机器人，身体左右摆动幅度很大，因此能抬脚行走。

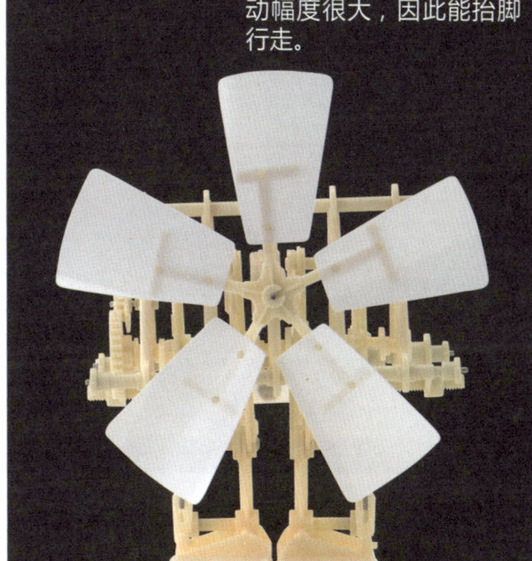

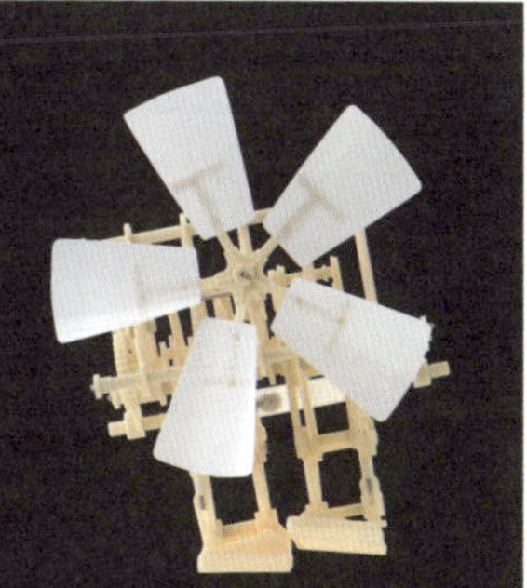

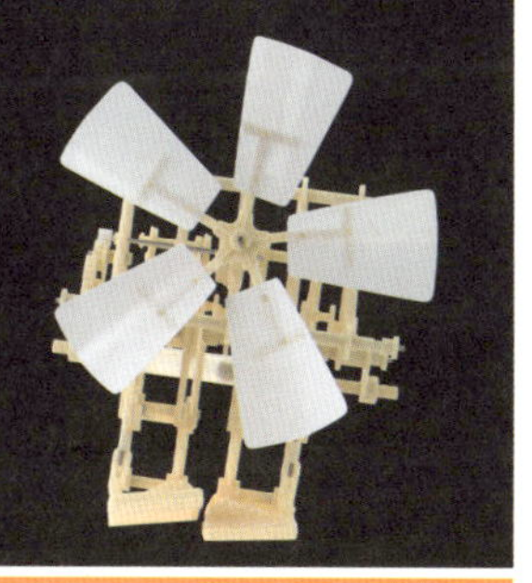

ANIMARIS IMPERIO

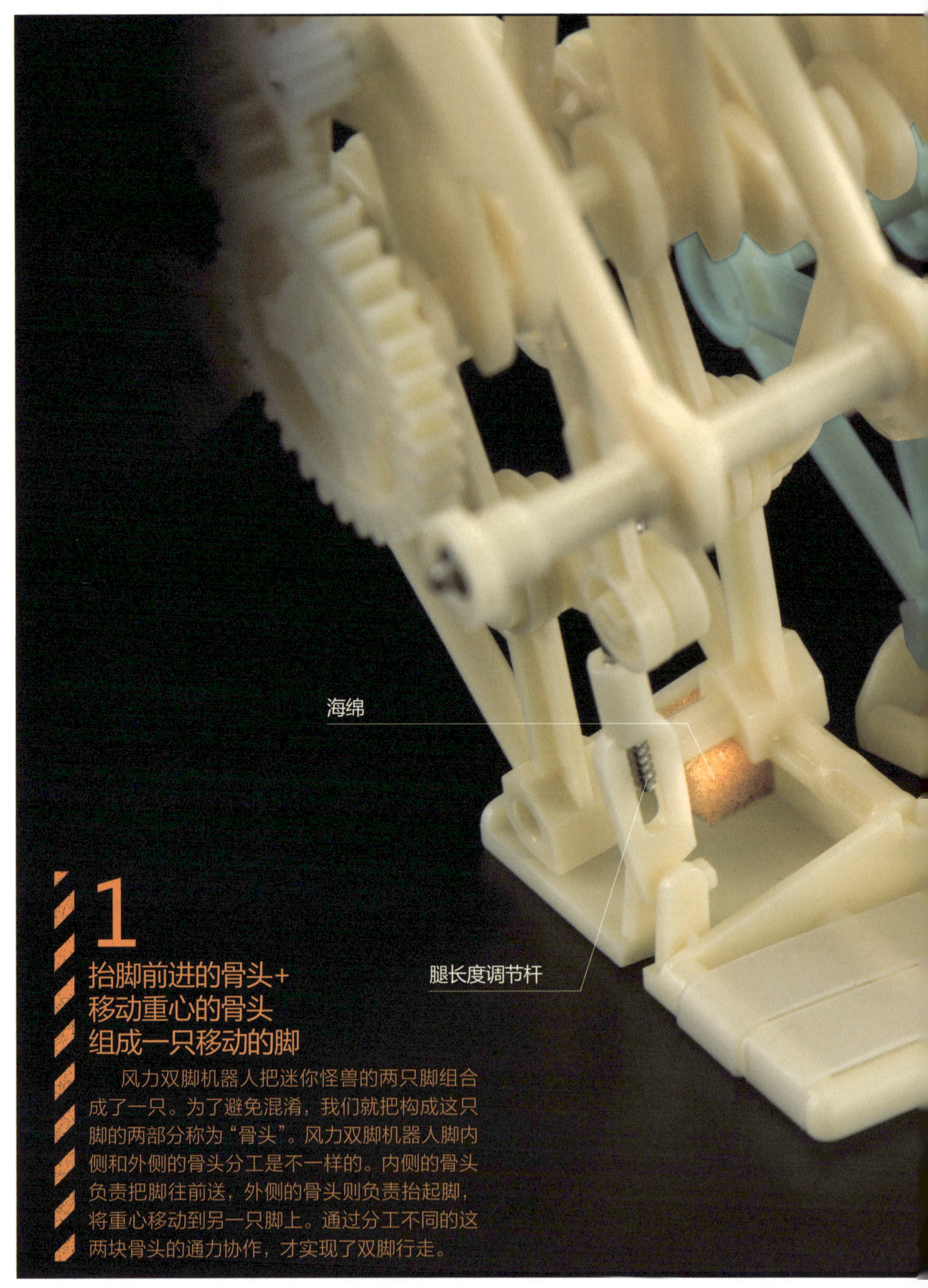

1

抬脚前进的骨头+移动重心的骨头组成一只移动的脚

风力双脚机器人把迷你怪兽的两只脚组合成了一只。为了避免混淆，我们就把构成这只脚的两部分称为“骨头”。风力双脚机器人脚内侧和外侧的骨头分工是不一样的。内侧的骨头负责把脚往前送，外侧的骨头则负责抬起脚，将重心移动到另一只脚上。通过分工不同的这两块骨头的通力协作，才实现了双脚行走。

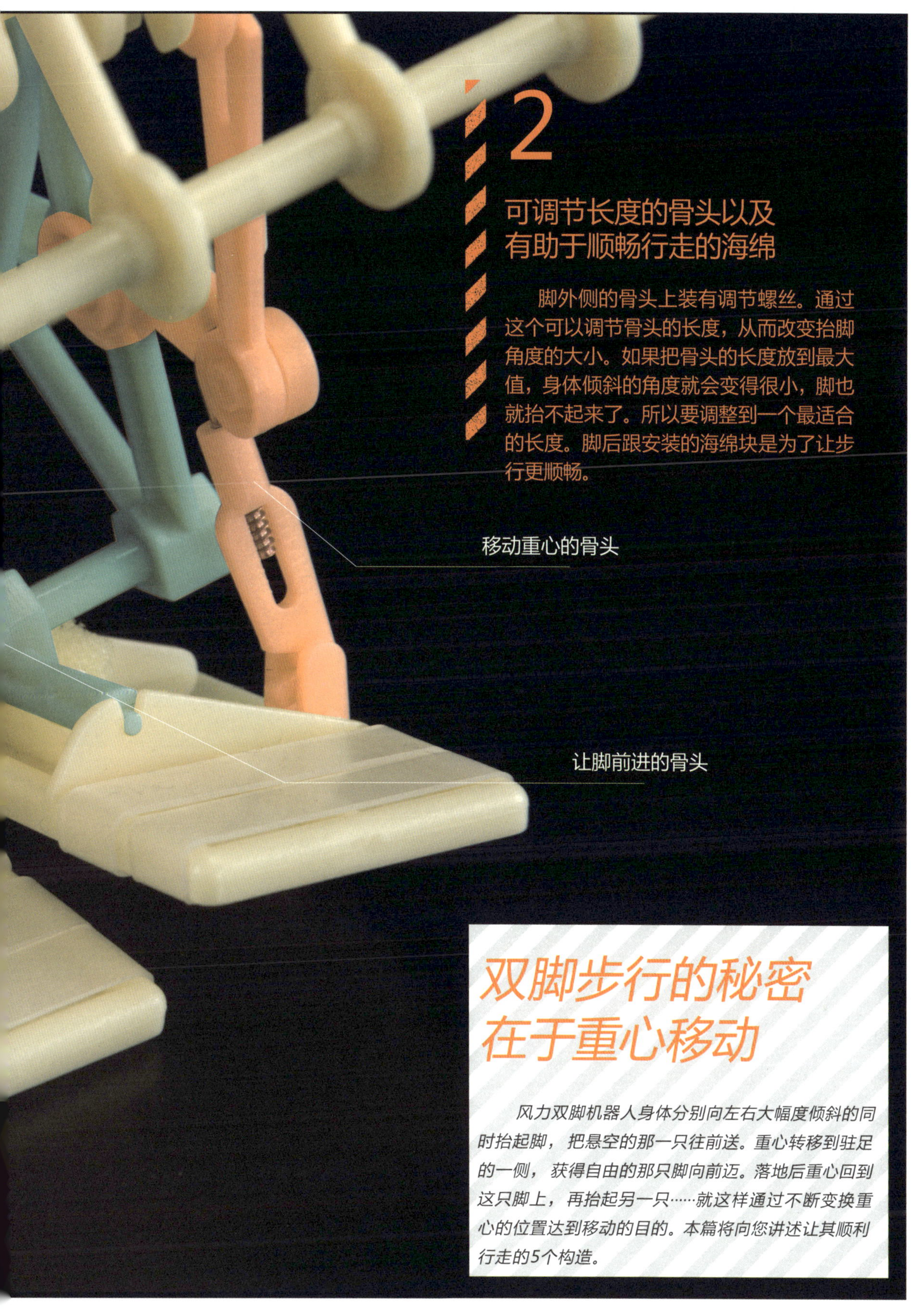

2

可调节长度的骨头以及有助于顺畅行走的海绵

脚外侧的骨头上装有调节螺丝。通过这个可以调节骨头的长度，从而改变抬脚角度的大小。如果把骨头的长度放到最大值，身体倾斜的角度就会变得很小，脚也就抬不起来了。所以要调整到一个最适合的长度。脚后跟安装的海绵块是为了让步行更顺畅。

双脚步行的秘密在于重心移动

风力双脚机器人身体分别向左右大幅度倾斜的同时抬起脚，把悬空的那一只往前送。重心转移到驻足的一侧，获得自由的那只脚向前迈。落地后重心回到这只脚上，再抬起另一只……就这样通过不断变换重心的位置达到移动的目的。本篇将向您讲述让其顺利行走的5个构造。

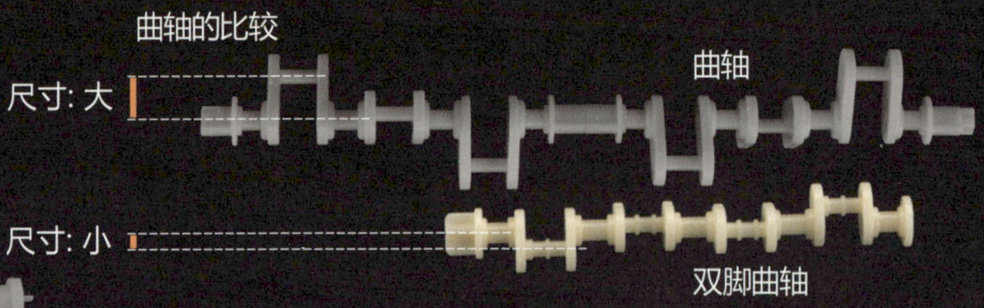

曲轴的比较

尺寸: 大

曲轴

尺寸: 小

双脚曲轴

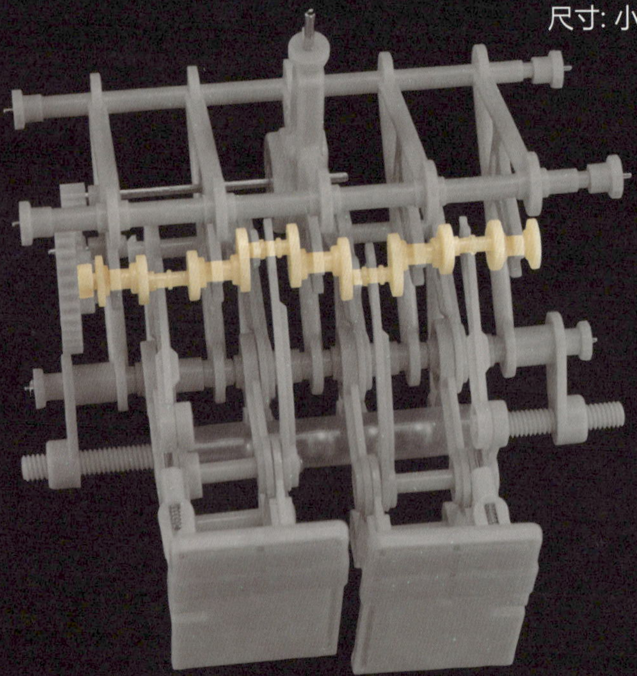

3 缩小曲轴的半径以达到延长力矩的目的

上方所示的就是迷你怪兽和风力双脚机器人的传动轴。均是在风力的驱动下旋转并将这股力传送到脚部的连接部分上，从而达到移动的目的。但这两个曲轴最大的不同就在于轴半径上。迷你怪兽移动时所需的反作用力较小，所以半径大，风力双脚机器人则完全相反。

116°(90°+26°)

4 注意曲轴相位角的偏差 90° +26° 能够使步行最稳定

通过观察机器人的步行情况我们会注意到，令脚向前的骨头与外侧牵引的骨头两者之间的动作是有时间差的。当内侧的骨头已经做出向前的动作时，外侧的骨头才开始牵引脚向上抬起。这时曲轴的相位角正好是90°。但是，因为连接部分有缓冲装置，所以力的传导会有一定的延迟，需要更早抬起脚。因此，相位角需要增加26°，做到116°才正合适。

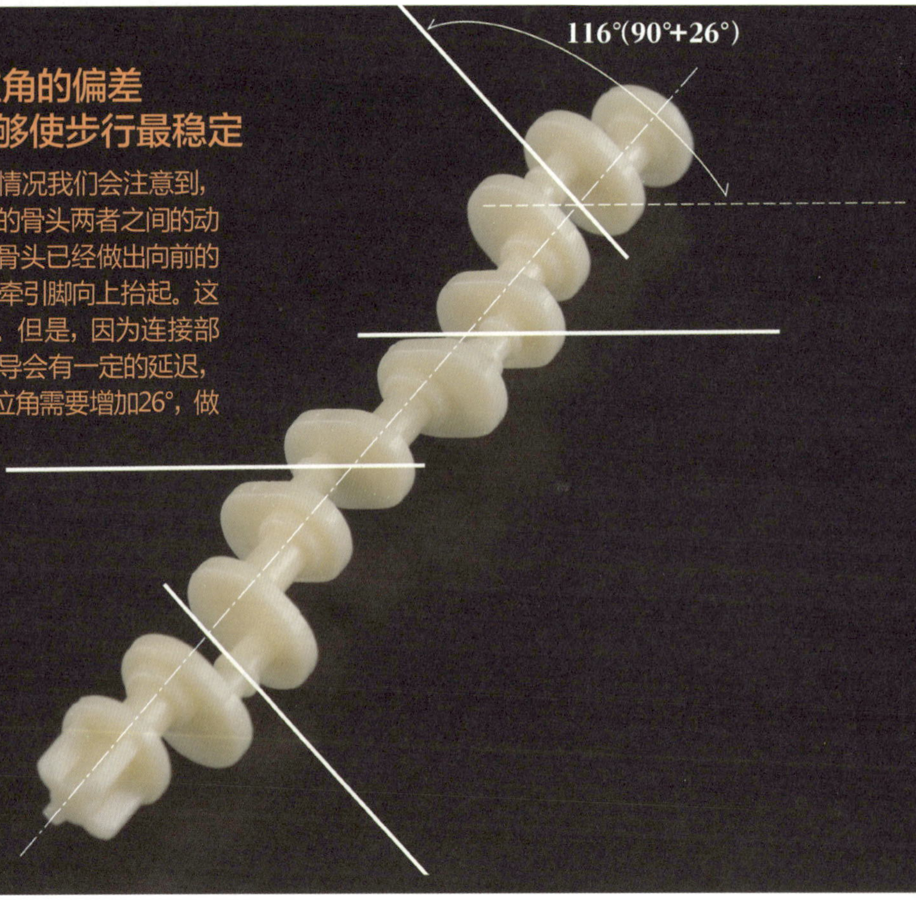

5

可移动的“坠子”使重心转移更加顺畅

风力双脚机器人走路顺利的关键就在于重心的移动。能达到这一目的的小装置就位于机器人的后背。在半透明的塑料管中装入四枚小铁球，身体只要稍微向一侧倾斜，小铁球就会随之滚向那一侧，从而使重心迅速转移到那边。这样就很容易地抬起脚了。

人类的脚部也有两根用来调节重心的骨头

看到风力双脚机器人后，就想拿来跟人类做比较。从人类骨骼示意图中我们可以得知，膝盖以下也长着两根骨头。内侧较粗的一根叫作胫骨，外侧较细的一根叫作腓骨。胫骨负责支撑体重，并把脚往前送。通过这两根骨头的协作，我们得以弯曲腿部、移动身体。

双脚步行机器人的

HISTORY OF BIPED ROBOT

做出像人类一样可以双脚行走的精密机械，
一直是科学家们的梦想。
由于双脚行走虽然缺乏稳定性，
但只要在重心移动方面处理好的话，
机器人就能够灵巧地移动，
即使在人工环境下也可以方便地使用。
本文总结了人类朝着梦想做出的努力
以及今后所面临的挑战。

发展史

撰文・摄影 / 森山和道
摄影 / 安田仁志

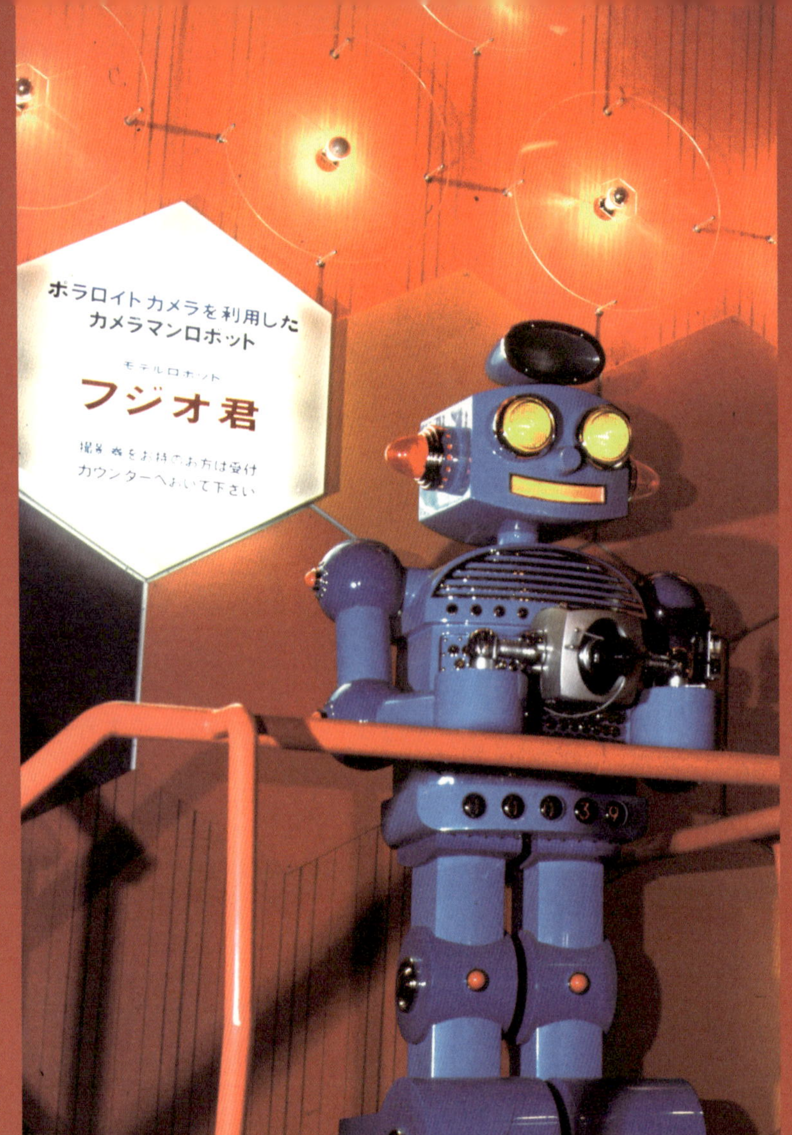

从早稻田大学开始研究的双脚步行机器人

其实，装载有计算机和动力设备的真正的机器人的历史，并没有那么长。1966 年早稻田大学加藤一郎研究室开发出来的“WL 系列”和“WAP 系列”是现代机器人的起源，从那时到现在为止，过去了 48 年。世界上第一台名副其实的机器人是使用橡皮筋做骨架的 WAP-1（1969）。

这一系列与之后的世界上第一台仿人机器人“WABOT-1”（1973）有密切联系。液压驱动的 WABOT-1 走一步要花 5 秒钟。这台机器人目前在早稻田大学 63 号馆的入口大厅处展示。

所谓的双脚步行，指的就是两只脚交替前进的走路方式。其特征就是支撑体重的支撑脚和牵引身体前进的摆动脚互相地、连续不断地进行工作分工。只要保证任意一只脚的内侧有重心的投影点，就绝对

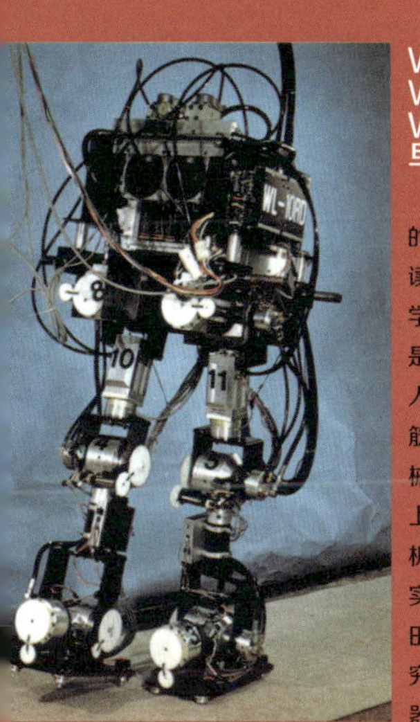

WAP-1(1969)
WABOT-1(1973)
WL-10RD(1985)
早稻田大学

早稻田大学机器人研究的目的是“从工程学的角度解读人类步行的机制”（早稻田大学机器人研究所网站）。也就是说他们想通过机器人来研究人类。WAP是使用橡胶绳做筋骨，之后的WL系列就是机械模型了。WABOT-1是世界上第一台可以全身动作的仿人机器人，WL-10RD是第一台实现动态步行的机器人。早稻田大学拥有很多领先世界的研究成果，可以说是双脚步行机器人研究的发祥地之一。

富士雄君 大阪世博会富士食品公司机器人馆(1970)

1965年时极富人气的相泽次郎机器人在手冢治虫工作室的展台亮相。拍照机器人随后被改造、复原，并于2009年在富山举行的“日本机器人嘉年华”中再次展出。

不会摔倒，但是想做到这一点就必须非常慢地移动脚，同时还得有个大脚板，而且无法做出精细的动作。我们人类是不用这种方法走路的，反而是通过改变平衡状态，迅速而准确地把脚移向合适的位置，从而提高步行效率。这么说来，到底哪一种方法才是适合步行规范的呢?

此时，南斯拉夫的一位名叫M.Vukobratovic（乌科布拉特维奇）的学者在其步行机器人动态平衡理论中提出“零力矩点（Zero Moment Point）”的定义。

从字面意思上来理解，所谓的零力矩点，就是站立的时候脚底下用力的那个点。再详细点说，就是机器人自身的重力势能和行走时的动能，两者的合力与地面接触的那个点。

如果这个点与脚底所受的来自地面的反作用力的中心一致的话，机器人就不会摔倒。为了确保不发生偏移，就要通过晃动躯干、改变步法来维持平衡。

1985年，早稻田大学的高西淳夫先生就利用了ZMP的概念，开发出了世界上第一台“动态步行”机器人“WL-10RD”。动态步行指的就是从机器人的重心到地面的垂线超出了脚掌范围的行走方式。人类的

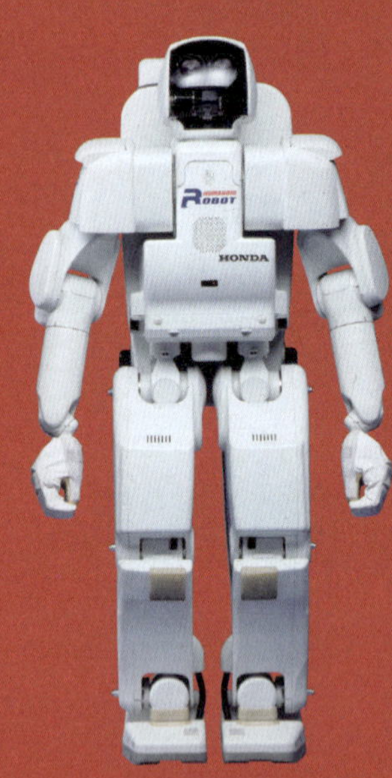

P3
本田(1997)
身高160厘米、体重130千克的P3，是抱着能与人类共处的目的被开发出来的，所以力图做到轻便。模型也向大众公开，并可以外借到产业技术综合研究所之类的地方供研究使用。它为以后的机器人开发做出了贡献。

双脚步行机器人前传

很早以前，利用机械装置活动的偶人就已经出现在了我们的生活中。例如17世纪的西洋机器人玩具和日本江户时代的室内活动玩偶。

在1950~1960年，被称为“机器人博士”的相泽次郎先生就造出来了可以擦着地走路的机器人，吸引了很多孩子聚集在他家楼顶上。这个机器人经常出现在商店街的大游行、漫画杂志的封面上，赢得了超高人气。它也曾在1970年的大阪世博会上亮相。它的形象还被制成了白铁皮玩具。通过这一系列事件，它的模样已经对今后机器人的概念和设计造成了一定的影响。

步法基本上就属于这类。ZMP 作为实现动态步行的方法之一，至今仍在许多步行机器人身上使用。

同年，筑波世博会开幕。以“WL-10RD”为原型，由早稻田大学和日立制作所共同研制的双脚步行机器人“WHL-11”在政府馆中向观众展示。在展出期间它共完成了 135 000 步、共计 60 公里以上距离的行走。

缓慢的步伐、走一步要花上 10 秒钟的机器人身影，给孩子们留下了深刻的印象。现在的研究者当中就有人正是因为当初看到了这些机器人才走上了科研之路。顺带提一下，这也是第一个由制造商参与研发的机器人。早稻田大学之后又陆续研发了机器人“WABIAN”和“KOBIAN”。

来自本田P2的冲击

当时一说起机器人，媒体上出现的肯定都是跟早稻田大学有关的信息，但与此同时，有个大动作在悄悄地展开。1986 年，本田汽车公司开始研制仿

P2
本田(1996)
本田于 1996 年推出的 P2 身高有 182 厘米，体重达到 210 千克，是非常巨大的人形机器人。蓄电池和计算机都藏在身体的内部。这时它已经可以完成上下楼梯、推动小推车以及开门等动作了。

人机器人。

在机器人的步行中，最重要的一点就是要控制好脚与地面接触瞬间的反作用力。该如何处理脚和地面的接触可是个大问题。

本田想出的解决方案是在机器人的足尖加入橡胶垫。1993 年他们确定了稳定化步行方案。1996 年末推出了正式作品——机器人 P2。到这时本田才正式对外公布了他们开发机器人的行动。

在那个年代，研究者们还认为内部装有电池和控制计算机的自立型机器人无法完成上下台阶的动作。但本田不仅做到了这一点，他们的机器人在倾斜的地面上仍能保持平衡，在被人推搡的情况下还能稳稳地后退。

而且，以前的机器人都是把导线赤裸裸地露在外面，本田的这款机器人却包有漂亮的外壳。这些改变让很多人都为之惊讶赞叹。

2000 年，本田推出了小巧可爱的机器人“ASIMO”。其 2011 年更新款的各项数据为：身高 130 厘米、重量 48 千克、连续移动时间 40 分钟左右、时速 9 公里。

说 ASIMO 是日本机器人的代名词也不为过。认为机器人只是徒有其表的人也被这种“长得像人的东西”深深折服。

ASIMO
本田（2000~）
身高130厘米、体重48千克的最新型ASIMO于2011年面世。最大时速9公里，能在凹凸面上行走，拥有能打手语的灵巧手指，还能同时分辨多人讲话。如果联网的话，还能完成多台机器人同时作业。

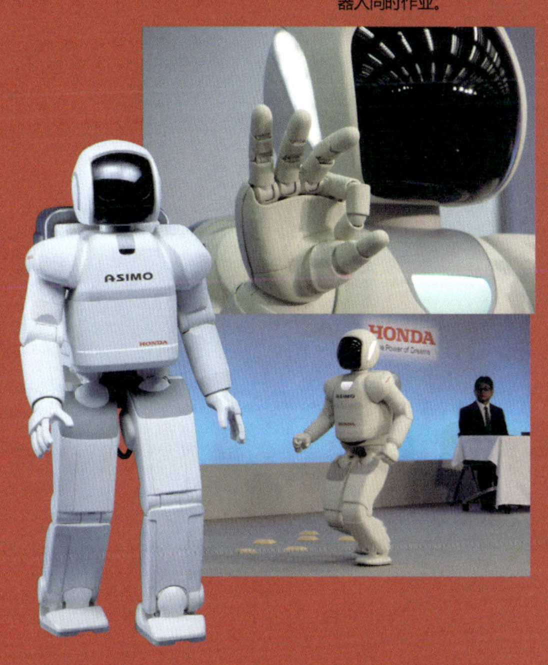

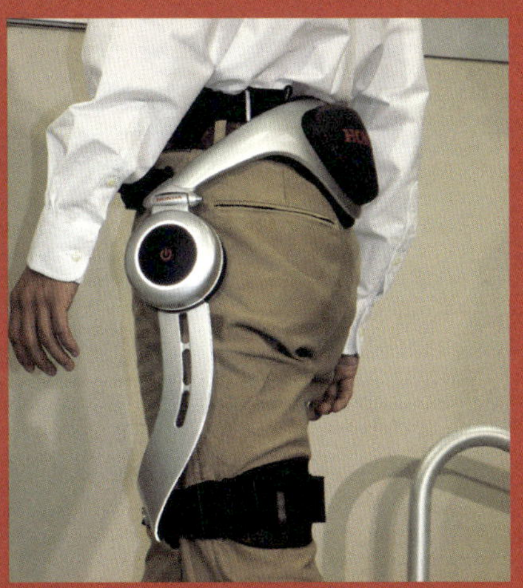

助行器
本田（2007~）
因为开发双脚步行机器人，所以要研究人体步行的原理和支撑体重的结构，从而开发出了新的技术。本田目前正在研制“节奏步行辅助器”（右）和“支撑体重型助行器”（左）。

QRIO
索尼
"QRIO"是索尼开发的小型双脚娱乐用机器人。它曾作为索尼公司的亲善大使出现在广告上，同时也用于研究。后来与犬型机器人"AIBO"同时中止研发。

Nao aldebaran-robotics公司
Nao 是身高 58 厘米、体重 4.3 千克的小型机器人。2008 年被选为机器人世界杯指定机型，获得好评。很多研究所都用它来进行教学和科研。

Romeo
aldebaran-robotics公司
Nao的大型版，用于高龄人士的看护。

法国风投扶植的公司取代索尼登上小型机器人开发的宝座

2000年索尼发布了小型机器人"SDR-3X"。从2003年开始，这个机器人系列被命名为QRIO，着重发展诸如集体舞蹈、人机对话等智能型技术，因此获得人们的青睐。因为是第一个面向家用的小型双脚步行机器人，民众都很期待它能够商品化，但是索尼公司在2006年中止了这一系列开发。

与此同时，全部由机器人参加的"世界杯足球赛"也宣布废除使用犬型机器人"AIBO"比赛的四足机器人联盟。取而代之的是由法国aldebaran-robotics公司研制的双脚步行机器人"Nao"组成的Standard Platform League联盟。"Nao"是在2008年上市的，也广泛用于日本国内的研究之中。Aldebaran-robotics公司目前正在开发跟人体同样大小的机器人"Romeo"，计划用于护理领域。

另一方面，一批自制机器人的爱好者们出现了。他们把无线电遥控车方向盘里的伺服电动机改造成机器人的关节。2002年双脚步行机器人专属的机器人大赛"ROBO-ONE"开幕了。2004年近藤科学股份有限公司推出了商品化的双脚步行机器人"KHR"。如今机器人大赛仍在继续进行，之后也有一些制造商朝着这个方向发展。但是日本企业再也无法像法国的aldebaran-robotics公司一样占领世界范围的市场了。

东京大学、产业技术综合研究所、川田工业、丰田

但是也有人说，无线电控的小型仿人机器人是由东京大学的稻叶雅幸先生首先研制出来的。他做的机器人背着“遥控脑”——控制机器人的计算器位于身体外部。因为这种机器人很好控制，稻叶先生就用它做了很多研究，成功地让它完成了荡秋千、爬梯子等一系列动作。这份研究成果后来被应用到了等身大小的“H机器人系列”身上。

此外，从东京大学那里承包了机器人制造的川田工业，后来也陆续加入到了 HRP-2、HRP-3、HRP-4C 和 HRP4 的研制工作当中。其中 HRP-2 的研究主体是产业技术综合研究所（简称产综研），他们是想把它用到自己的研究平台上。2002 年开发出来的 HRP-2 至今仍出现在一些海外的研究室里。

HRP4 身高 151 厘米，体重仅有 39 千克。它的头部比例与日本成年女性的平均值相同，做得非常逼真。它可以同真人舞者一起唱（合成音乐）一起跳，一时间成为话题。2005 年在爱知世博会上亮相的恐龙机器人也是产综研和川田工业合作出来的成果。

双脚步行技术到底有没有用？答案之一就是可以朝着娱乐表演的方向发展。

在爱知世博会上丰田汽车公司也推出了自己研发的机器人，它可以吹小号，还能演奏小提琴。丰田还造出了能搭载人行走的双脚机器人“i-foot”，在机器人秀上大受欢迎。

KHR
近藤科学

它使用无线遥控的伺服电动机作为关节、身体内还藏有电气整流器和电池。这些组合构成了地道的双脚步行机器人——KHR。它可以像无线电遥控车一样用遥控器操纵。现在的最新机型是“KHR-3HV”。

乐器演奏机器人
“i-foot”
丰田

丰田公司曾于爱知博览会之前就加入到了服务型机器人的研发当中。在博览会上除了展示会吹奏小号等乐器的机器人之外，能够搭载人的、重达 200 千克的大型机器人“i-foot”也闪亮登场。之后亮相的还有会拉小提琴的机器人。

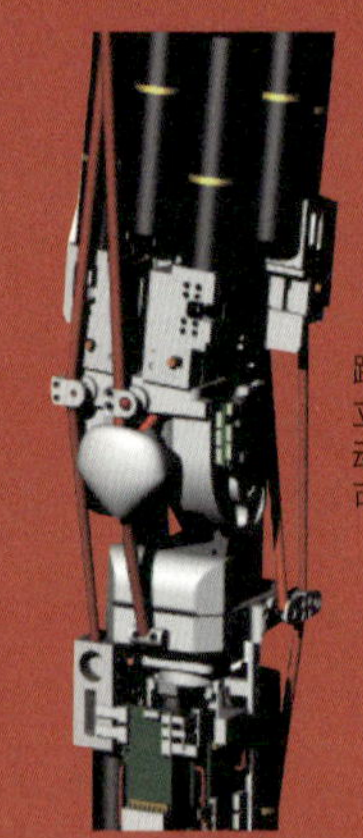

腱志郎的膝盖部分跟人一样有膝盖骨，站立的时候不能够左右移动，但是弯曲的时候就可以做到。

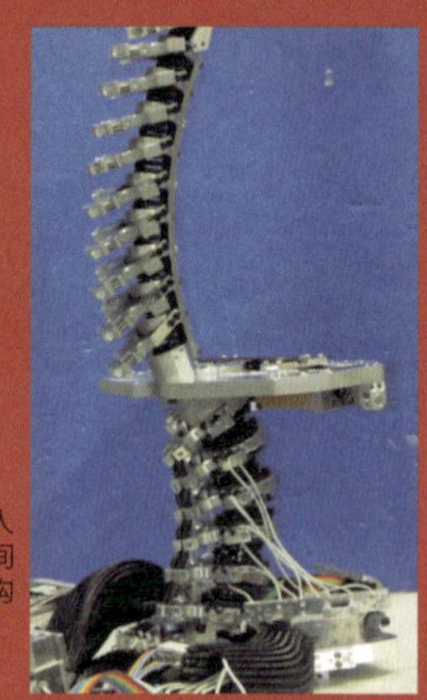

脊椎骨单元，与人相同，椎骨和椎骨之间有椎间板相连，共同构成一个S形曲线。

腱志郎 小次郎 东京大学

东大的稻叶研究室正在开发具有筋骨结构的机器人。其最具特征性的地方就是脊骨。它跟人的骨骼一样是由很多块骨头组成的。此外，就像骨头上附着有筋肉一样，它们身上也有超过100处以上的传动装置。每一处都牵引着数块"筋骨"，结构非常复杂。研究者的目的就是达到像人类身体一样可坚硬也可柔软的效果。目前仅仅是做到了站立，今后还想依靠它从事各种工作。继使用马达的机器人之后，下个时代可能会属于这种仿人机器人。它是未来的趋势。

具有肌肉、筋腱和骨骼的仿人机器人

在之前提到的东京大学稻叶研究室里，正在进行着另一种机器人的开发。它拥有像人一样的骨骼，通过很多相当于肌肉和筋腱的传动装置完成各项行动。这项研究始于1995年，当时想制作出来身高如孩童般大小、具有相当的力量和硬度，同时还有柔韧性的机器人。

拥有筋骨结构的优点之一，就是能够通过体外追加的各种线缆强化自身力量。自爱知博览会上展出的"小太郎"之后，又陆续制造出了力量更强的"小次郎"和拥有接近人体的自由程度、结构复杂的"腱志郎"。它们有着与人类相近的结构，例如S形的脊骨、站立的时候膝盖只能向一个方向弯曲、坐着的时候可以左右扭动，等等。

稻叶先生的研究室里同时也在进行着另一种研究：利用既有的机器人硬件，将其改造成具有高自由度的智能型机器人。他们在开发一些软件，目的就是让机器人能在家庭这样的普通场所中移动，并学会使用工具。稻叶先生说："我想同时进行如何利用现有的机器人和如何开发未来的机器人这两种研究。"

从双脚步行中得到启发的助行器和机械臂

在研发双脚步行机器人的过程中也衍生出来了不少新技术。本田就以步行研究的成果为基础于 2007 年发布了“节奏步行辅助器”（参考 P23）。现在本田公司与独立行政法人、国立长寿医疗研究中心一起，实验研究这个器械的预防和护理的效果。此外，他们还将 ASIMO 的平衡控制技术灵活运用在了“体重支持型助行器”中，该机器弯曲的外形有助于分担使用者的体重，减轻脚部的负担。同时还研发出来了个人移动工具——电动独轮车“UIN-CUB”。2012 年，本田公司还发布了在研制人形机器人“Honda Robotics”的过程中开发出的新技术和周边产品。

除此之外，因为 2011 年 3 月东日本大地震引发的福岛核泄漏事故的影响，还研发出了能在不稳定的地面上灵活作业的机械臂。这些应用都来自于需要良好控制技术的双脚步行机器人的研发成果。

（照片提供/东京大学 稻叶研究室）

HRP系列 PR2 研究用平台

同为机器人研究的内容，人们已经在硬件开发上花费了大量的时间和精力，但是却很少关注软件的开发和应用。偏偏仿人机器人在这方面的要求又特别高。因此，产综研研制出的机器人 HRP-2 和 HRP-4、美国的风投公司 Willow Garage 做的 PR-2 都被称为“研究用平台”，它们是专门用于试验软件的机器人。只要购买基本配置机器人，剩下的时间就可以专门用在软件开发上。东京大学稻叶研究室里的大四学生就用这些平台做软件开发，并获得数项成果。产综研跟雅马哈共同制作的 HRP-4C 能歌善舞，就是成功的案例之一。让机器人进入到各个领域，能开阔用机器人的思路。

（照片提供/东京大学 稻叶研究室）

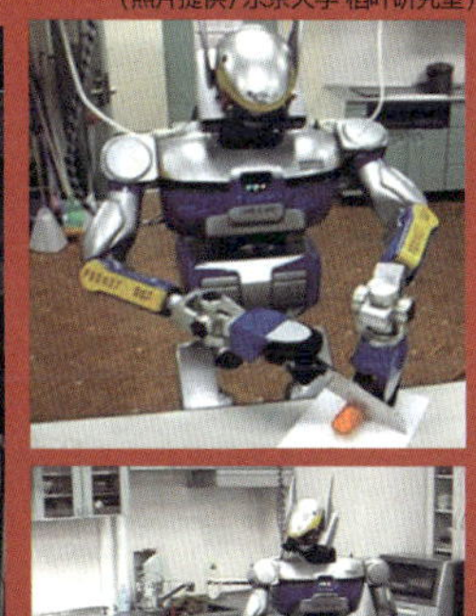

左图是 HRP-4 在边舞边唱；右图是 HRP-2 在跳日本传统的会津盘梯山舞蹈。舞蹈动作是通过软件编程录入到机器人的动作程序中的。

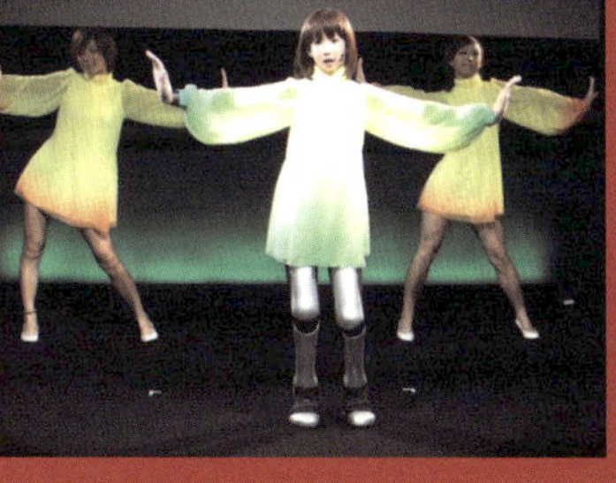

iCUB 意大利

它是用来研究人工智能的幼儿型机器人，就是说用它来模拟人类幼儿的成长过程，以此了解人类后天所能掌握的技能。研究者们认为，要想获得现实世界的智慧，就必须拥有一个物理意义上的身体。

HUBO 韩国

这个机器人和ASIMO一般大小。研究者和Hanson Robotics公司共同制作的头部是照着爱因斯坦做的，成为其标志性特征。美国的大学用它作为研究平台。

除了日本，其他国家的仿人机器人研究也方兴未艾

有不少日本人曾经都认为，不管仿人机器人做得好还是不好，反正都是日本的东西。现在这世道可是变了。不仅仅是前面我们提到的法国的“Nao”，其他国家的机器人研究也是如火如荼。

韩国有一位供职于韩国科学技术所的名叫吴俊镐的科学家，他在2004年研制出了一台名叫“HUBO”的机器人。更新后的HUBO二代以“Jaemi HUBO”的名字走进了美国的大学研究室，作为研究平台使用。韩国科学技术研究院（KIST）也发布了一款与之非常类似的机器人“NBH-1”。KIST还同三星一起开发了机器人“Mahru”和“Roboray”。看来日本被韩国追上的不只是家电这一块儿。

2005年阿联酋也推出了仿人机器人“REEM-A”，三年后“REEM-B”也问世了。

新加坡的南洋理工大学也于2011年研发出了名叫“NASH”（NTU Advanced Smart Humanoid）的机器人。

德国航空宇宙中心（DLR）也以机器人研究而闻名，他们开发出了易操控的、柔韧性强的机械臂。他们最近计划利用这个技术也在双脚步行机器人的研发中插上一脚，目标是摆脱ZMP理论的束缚。

慕尼黑工业大学研发出了身高180厘米、体重55千克，名叫“LOLA”的机器人。

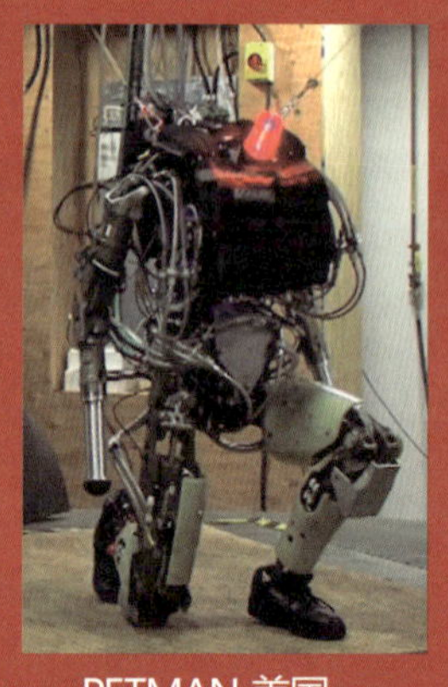

PETMAN 美国

Boston Dynamics开发的这款机器人，是油压控制的，移动起来就像真的动物一样。它主要是用来代替真人测试在充满毒气的环境下所穿防护服的效果。它的加强款“ATLAS”还在研制中。

除此之外，若将下半身不是双脚的机器人包含在内，世界各国还有更多仿人机器人的研究成果。例如，虽然不走路但是拥有双腿的军事救助用机器人“The Bear”，它是由Vecan Robotics公司研制的。还有，欧洲正在研发的婴幼儿型机器人“iCUB”，它是用来模拟人类生长发育过程的。

之所以认为欧洲等国的仿人机器人发展得不好，只因日本的媒体并不了解国外的现状。

如果仍坚信日本是做机器人最好的国家的话，那被赶超只是一个时间问题。

最好的仍是美国吗

说起美国的双脚步行机器人，首先想到的就是弗吉尼亚理工大学在2010年研发成功的那款名叫“CHARLI”的瘦长条机器人。不过，最值得一提的当然是得到DARPA（国防高级研究计划局）援助，由Boston Dynamics开发的机器人“PETMAN”。它采用了油压控制技术。在2011年公开的动画影像中，它极像人类的走路方式以及不被外界杂乱的情况所干扰，被撞到后仍然稳如泰山的身姿，令观众为之折服。DARPA同时也赞助了灾害救助型机器人的开发，把制作PETMAN的技术也用在了这些机器人身上。

福岛核泄漏事故发生后，DARPA开始着手筹备一场名为“DARPA Robotics Challenge(DRC)”（美国机器人奥运会）的竞赛。目的就是认真研究可以应用在救灾现场的机器人。

DRC有以下八条使命：

机器人需要

1. 自己驾驶汽车接近建筑物。
2. 在废墟中移动。
3. 用钥匙把门打开。
4. 挪开障碍物。
5. 使用工具把水泥墙壁砸开。
6. 发现管道气体泄漏的地方。
7. 关掉阀门阻止泄漏。
8. 能够拆卸必需的零件，例如连接导线等。

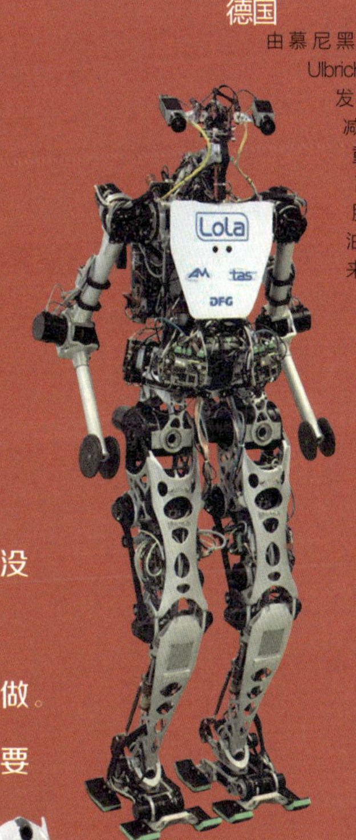

LOLA
德国
由慕尼黑工业大学的Ulbrich教授领衔开发，目的是通过减轻机器人的重量而获得更高的步行速度。脚后跟处装有油压减震器，用来吸收地面的反作用力。

而且这些任务全都是一个机器人来完成的。DRC并没有指定只有哪种机器人才可以做到。

人们一看到这些任务，就想到得有双脚步行机器人来做。其实不然，仿人机器人并不总是需要用两只脚走路的，必要时可以四肢着地或者蹲下。自由度越高越好。

主办方也并不是想让机器人一下子就完成以上所有的使命，目的还是促进技术革新。

DRC之前的那次竞赛——DARPA Grand Challenge（智能无人驾驶汽车大赛），则是以无人驾驶的自动汽车为主题。第一次比赛的

NASH
新加坡
南洋理工大学开发研制出的新加坡首个等身大机器人。现在新加坡在机器人控制装置方面的研究方兴未艾，是值得关注的潜力股。

队伍全军覆没。之后，自动汽车的完成度得到了提升，下次比赛中终于有车跑完了全程。现在谷歌研发的自动驾驶汽车已经得到执照，可以在美国某些州的公路上行驶。

同样的事情可能还会发生在机器人身上。如果这样的机器人能够研发成功，那么机器人使用的范围就会与以往完全不同。DRC 只是打算开发出来那些可以在人类无法进入的环境中工作的机器人，当然，这些技术也可以用在和人类共同生活的机器人身上。

参加美国DRC竞赛的机器人们

DRC竞赛中有各种项目，其中全部使用自己的机器人参加的比赛是“track A”。目前被选中参与的共有七支队伍。1.卡内基梅隆大学；2.SHAFT；3.雷神公司；4.NASA约翰逊太空中心；5.弗吉尼亚理工学院；6.卓克索大学；7.NASA JPL。图为各队提交的设计概念图。这些都是以福岛核泄漏事故为背景而设计出来的机器人。实战比赛要等到两年后。其中的SHAFT是日本的队伍。

巨大的趣味机器人目标是“高达”

日本的机器人界除了刚才介绍过的东京大学稻叶研究室的仿人机器人之外，还有一个特殊的流派开始发展起来，那就是趣味机器人。它不仅包括能骑自行车、走钢丝的小型双脚行走机器人，还有于 2012 年研发成功的、能搭载真人的“初始机器人 43 号”。它可是个有 4 米高的大块头。

它是由大阪的初始研究所股份有限公司和西淀川区的町工厂集团“西淀川经营改善研究会”共同研制的。现在只有脚。即便如此，也远远超过了一个成人的高度，还要在上半身里加入驾驶舱，这些都已在 2013 年完成。项目负责人坂本元先生说：我的梦想就是“做个高达出来”。并不是工作型机器人，而是“高达”。无论如何，抛开兴趣的领域，我仍感慨现在日本还有很多为了实现梦想而愿意付出热情，并且具备这个能力的人。

初始机器人
西淀川经营改善研究会

这个双脚步行机器人完成后有4米高，光是腿长就达到了2米。它把人类乘坐并操纵机器人的梦想变为了现实。现在它可以通过左右摇晃身体做到静态步行。

图片提供/初始研究所

2025 年与人类比肩，2050 年成为“超人”

到此为止我们已经把双脚步行机器人的历史简单地梳理了一遍。回头再来看，你会发现在不到50年的时间里居然实现了如此快速的发展。

但是，今后会如何呢?

在日本机器人学会编写的2008年10月份的杂志上，产综研的梶田秀司先生和大阪大学副教授（当时在九州大学）杉原知道先生共同预测了“未来的机器人”。2008年时，最好的机器人性能不过是体重50千克、时速7公里、负载重量10千克而已。到2025年的时候，机器人就可拥有与人比肩的能力，2050年时甚至能具备“超人的能力”：体重30千克、步行时速60公里，100米的距离花7秒即可到达，身体控制技术堪比玩杂耍的，能够在艰苦的环境中搬运100千克左右的重物，而且，由于能源利用率的提升，它可以连续工作三天。未来实际上会是个什么样子？答案掌握在你我手中。

REEM-B
阿联酋

由一家名为PALTECHNOLOGY的公司研制，在时速 1.5 公里的情况下也走得稳稳当当，会坐椅子，能搬动 12 公斤重的物品。头部的立体摄影机可以做人脸识别。

animaris imperio
Otona-no-Kagaku Magazine

风力双脚机器人有意思的地方就在于它独特的动作和有趣的外表。为了使它的魅力更上一层楼，两位机械师大展身手!

撰文/佐保圭　摄影/小笠原成能 大野真人

自带轨道球的变速风车

animaris imperio × denha

denha（原田直树）

机器人随着风力强弱调整步行速度的同时，头顶的轨道装置里还有小球在跑……原田直树先生的改造版机器人真是太特别了!

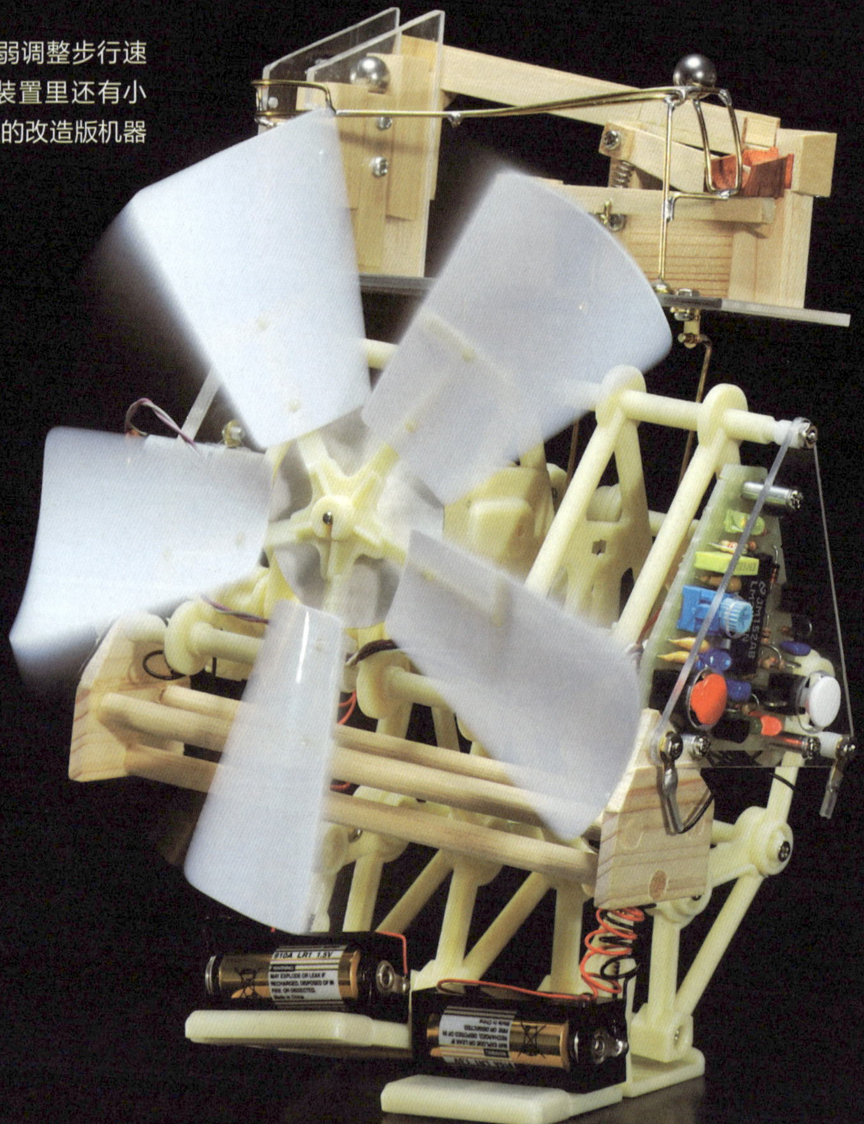

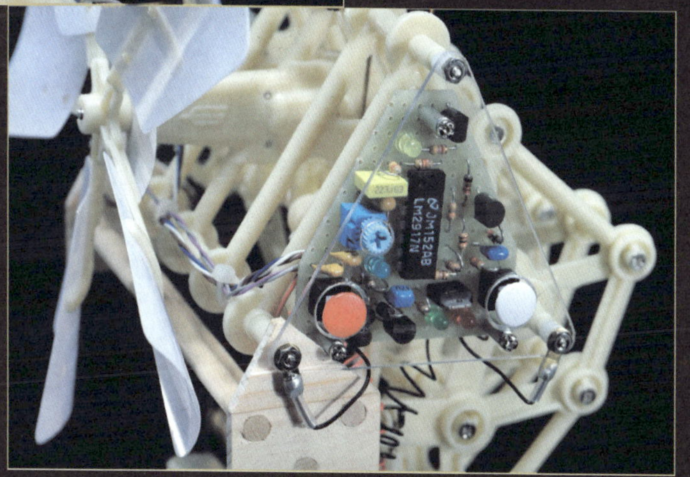

机能01 与风车联动的电动化

安装在风车内部的光传感器（中）通过读取黑白圆盘上的明暗变化来控制马达（上）的开闭。按下基板（下）上的红色按钮就能开启主电源，风车一开始旋转，马达就自动启动，机器人开始行走。风车停止转动后马达也自动停止，机器人也就停下脚步。这就是“能量辅助装置改造”。按下白色按钮可以切换模式，即使没有风力也可以行走。

机能 02 自动运行的轨道球

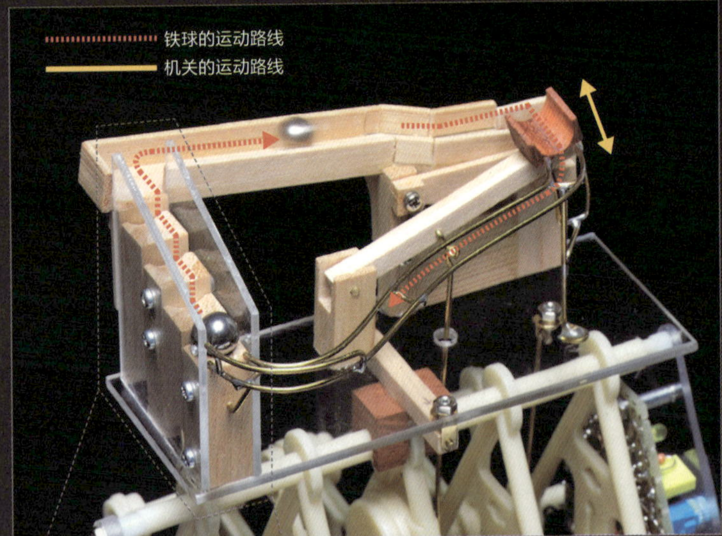

借助于跟机器人体内的曲轴左侧相连的水平调整杆，即便是机身左右晃动，丙烯板也会跟地面保持一致的距离，确保轨道装置的水平。升降臂也通过T型杆与曲轴相连，通过它的上下移动，让小球从木质轨道滚到金属轨道。此外，轨道台阶的第二段和第四段也是会动的，通过安置在第三段中的T型杆与机身框架相连。机身走动时会带动这部分上下移动，小球就会从第一段滚到第二段，然后再到第三段，依次向上爬。

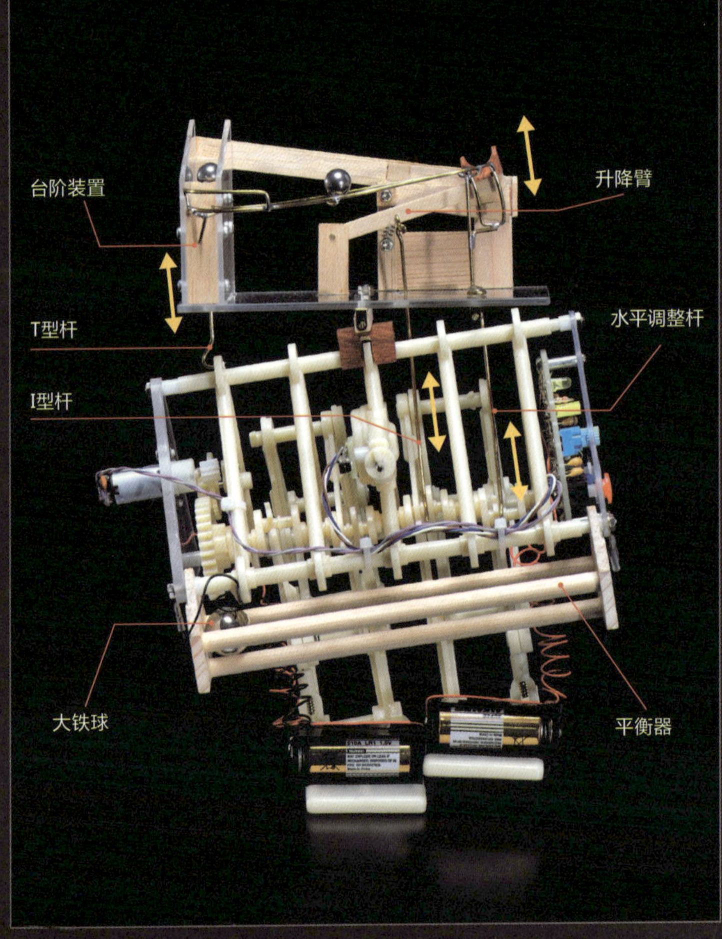

原田直树 harada naoki

出生于爱知县名古屋市，在市内一家制造企业上班，工作之余喜欢搞机械手工。从 2007 年开始研制轨道球装置。他的作品“Quad Marble machine”拥有四个可替换的部分，作品视频曾在视频网站上热传，受到机械手工粉丝们的追捧。

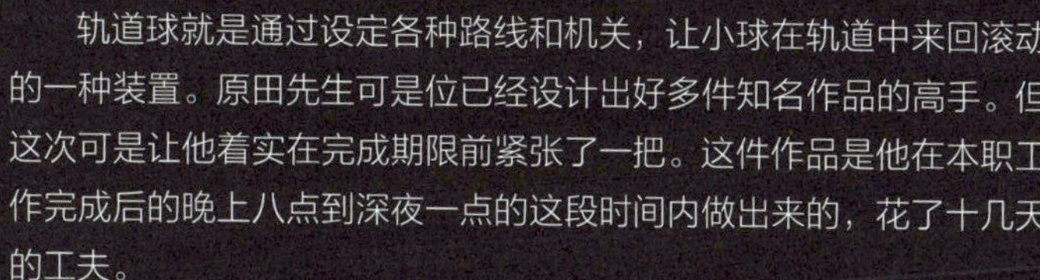

轨道球就是通过设定各种路线和机关，让小球在轨道中来回滚动的一种装置。原田先生可是位已经设计出好多件知名作品的高手。但这次可是让他着实在完成期限前紧张了一把。这件作品是他在本职工作完成后的晚上八点到深夜一点的这段时间内做出来的，花了十几天的工夫。

原田说最初是想把这个双脚步行机器人做成电动的。不使用风车提供的动力，改为减速马达驱动。当然了，只用马达驱动是很简单的，但是他琢磨着“不用风车的话就没意思了”，于是就在风车后面安了个光传感器。他从转速表上获得了启发，组装出了风车、光传感器和马达三位一体的联动装置。也就是通过光传感器感知风车的转速，然后影响到马达的转速。而且两块电池是分别装在双脚上的，这样降低了重心，能让步行更加稳定。

他在轨道球的制作上也颇下了一番功夫。最初想利用步行时左右晃动产生的惯性，但测算的结果证明这个高低差达不到制作的要求。后来又想到利用机器人身体内的曲轴，通过它来维持作为轨道球平台的丙烯板的水平。他把机器人身上原装的增强步行稳定性的平衡器去掉，取而代之的是安装在机体前方的一个大铁球。承载球的轨道要还只是传统的台阶型升降装置就“太没意思”了，我给它加了一个“升降臂”，能够自己举起栏架……

在距离截止日期还有两天的时候，出现了一个问题：实际行走的时候，顺利走完一周的小球，却爬不上台阶。原因是受到了机体步行时前后晃动的干扰。但时间有限，已经来不及修改台阶上部轨道的深度了……苦思冥想之后，原田先生决定把平台稍稍向后倾斜一点。但这次，小球经过木质轨道、升降臂、金属轨道之后自己停了下来。第二天就是截止日期了，时间所剩无几。原田先生在木质轨道的一头嵌入了非常小的一块木片，又修整了升降臂的顶端，还加大了倾斜度。终于，问题解决了，在最后关头小球终于沿着轨道轻快、顺畅地滚动起来。

“一般情况下，我们在做轨道球时还会专门加入一些不确定因素。像是这种会根据风力改变步行方式的，更是充满了变数。‘啊，球不动了’‘嗨，又走起来啦’这种变化让人乐在其中。”我们请原田先生给读者一些改造过程中的建议时他说，“不要担心把它搞坏，只管尝试就行。坏了，再买一个不就成了！”

顽强的kondala一号

animaris imperio × Otsuhata Keiko a.k.a Moso Kosakujo

乙幡启子 a.k.a妄想工作室

迎面的风越强，我越是用力向前走……
妄想工作室的乙幡启子女士，被动画角色顽强的精神所感动，
让附件机器人也变身成为kondala！

风呼呼地吹过东京都多摩川河畔的棒球场。有位骄傲的少年，他戴着印有G字的棒球帽，迎着强风毫不畏惧，晃着肩膀，一步，一步，迈向球场。

动画片《巨人之星》主题曲的开头部分有这么一句“思い込んだら 試練の道を（在试炼的道路上沉思）”，被很多人误听成“重いコンダラ 試練の道を（拉着沉重的整地机从试炼的道路上压过）”（发音与 omoi kondala 完全相同），于是手动式整地机就有了个别称——kondala。所以这个作品的名字就叫作“kondala 一号”。编辑部对乙幡女士提出的要求就是“做出来乙幡女士那种呆萌的感觉”。接到这个无厘头委托之后的乙幡女士不管是吃饭、看电视，还是从洗手间出来，都一直盯着放在起居室桌子上的风力双脚机器人不放，苦苦思索。她总是有很多奇思妙想，例如让寺里的小和尚拿着竹耙子扮作“在龙安寺石庭里作画的人”；把风力双脚机器人放在骑着马穿着甲胄的人偶对面，这场景就是“被风车突然袭击，撤退中的堂吉诃德”；还有“小蜥蜴走成大恐龙”这一杰作：她给蜥蜴穿上恐龙的脚掌模型，虽然步幅很小，但印出来的足迹还是有模有样的。她刚开始看到风力双脚机器人那沉重的脚步时，第一反应是“好像工地上拉板车的大叔”。然后一个奇妙的想法就划过脑海：“这个迎风前行的姿态，跟顽强地拉着整地机的棒球少年一个样！”

说起来容易做起来难。下定决心之后要在细节上下多少功夫才是成功与否的关键所在。

光是那顶棒球帽做起来就颇费功夫。帽子是按实物等比例缩小，用硬纸壳做底纯手工制作的。为了做出棒球帽特有的棱角，足足花了三天时间。手和鞋子是用隔热的聚苯乙烯泡沫塑料做的，然后涂上丙烯颜料。没想到最费事的就是做拉车的那双手。据说是用电热枪先把塑料棒加热，然后像做竹编那样再把它掰弯。这个热度非常不好掌握。

但最难做的，还是衣服。

“就风力双脚机器人的那个外形，不管穿啥都不会出来制服的效果。没办法我就只做了下半身。白裤子是用我的吊带衫裁的，裤缝的黑边和黑袜子，则来自我的紧身裤。”

采访的最后，我们问她：“既然把这个叫作一号，是不是已经有二号的想法了？”乙幡女士露出了艺术家特有的神秘笑容，回答道：“那给二号身上装个‘肌肉强化器’怎么样？这样它走起来就会变得超轻松啦。有点意思吧？”

果然是妄想工作家啊。要是真给机器人穿上了飞雄马那套象征着顽强斗志的肌肉强化器，它会变得身轻如燕吗——恐怕，正好相反吧！

01 帽子上的G字（没有Y）LOGO，来自于学研的标志。那双画得栩栩如生的“燃烧的眼睛”是魅力点之一。

02 鞋子是直接粘在脚上的。但是会在土地上打滑。乙幡说：“下次就在脚底钉上大头针，把它改造成钉子鞋得了。”

03 乙幡从网上下载了带有生锈金属质感的纸样，然后打印出来，贴在泡沫塑料上当作整地滚子。

04 用聚苯乙烯塑料做的手。从紧握的双拳中就能体会到拉着沉重的整地机时的那股拼命劲儿。

乙幡启子

1970年生于日本群马县。经历过各种人生波折之后成为一名“妄想工作家”。她主要制作并销售一些奇妙的手工杂货等。她的作品结集后通过广济堂出版社出版，大受好评。

只要一点点改造 让你的机器人变得更酷炫

下面给大家介绍三种改造机器人的方法。只需要很少的材料和简单的工具就能完成。首先得把你的风力双脚机器人按照说明书组装好，让它走一会儿。然后，我们就开始挑战吧！你会从中发现它独有的状态和别样的乐趣。

改造·撰文/船田巧　摄影/大野真人

第一种方法　电动化改造：用电池和马达让它动起来

这个装置的魅力就在于能量转换——可以巧妙地利用风力让它完成复杂的动作。但在无风的室内，就只能“呆若木鸡”。“要是用电力也能让它咔嚓咔嚓地走起来，想必它也会开心的吧。”说干就干，利用手头现有的材料就能做成这个效果。把风车取下来，用马达代替。要是马达的驱动轴安装得当的话，它走起来可是非常有气势的哟。这跟用风力驱动时的情况大不相同，更有种机械的感觉。

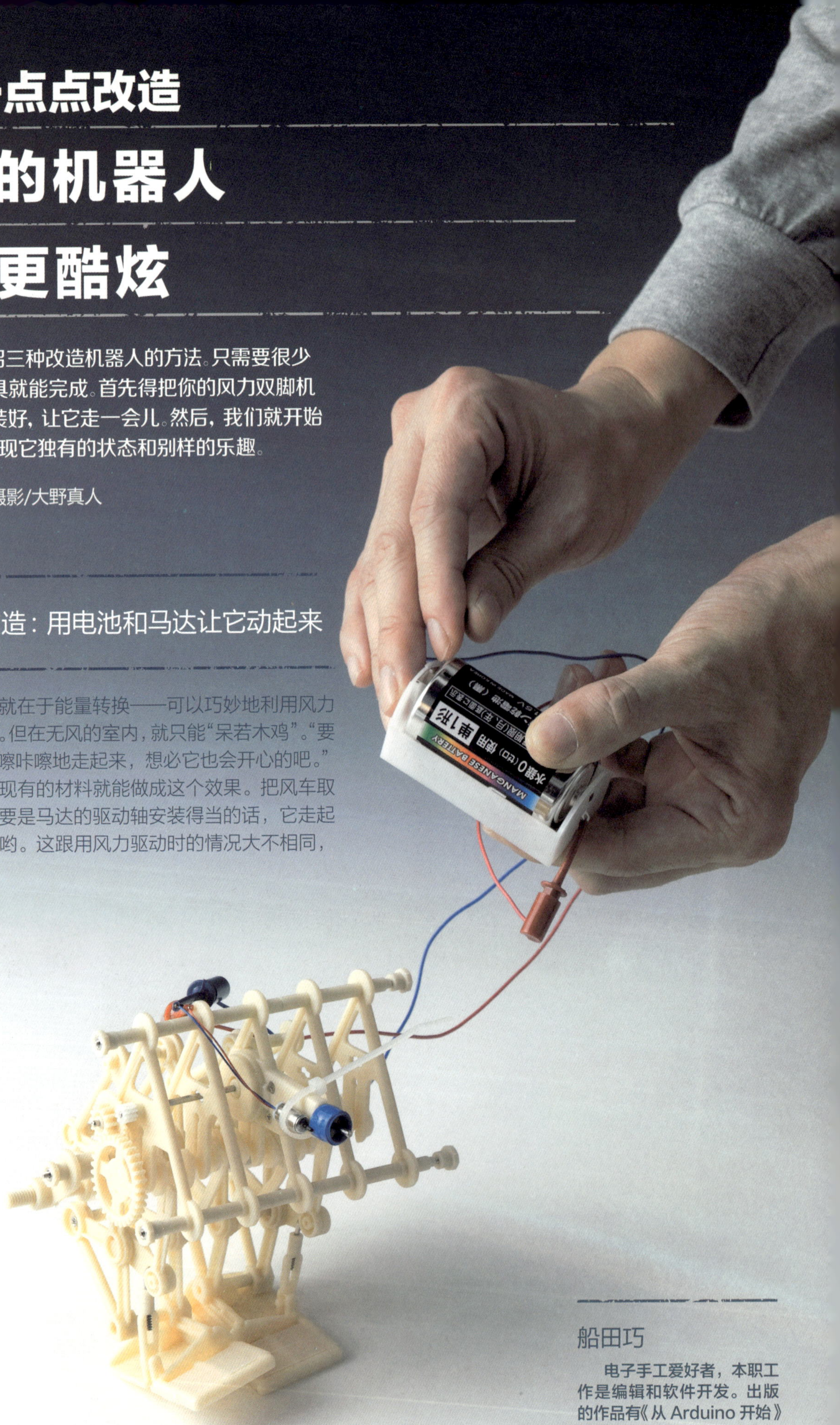

船田巧

电子手工爱好者，本职工作是编辑和软件开发。出版的作品有《从Arduino开始》（翻译）、《武藏野电波的回路板》等。

所需材料

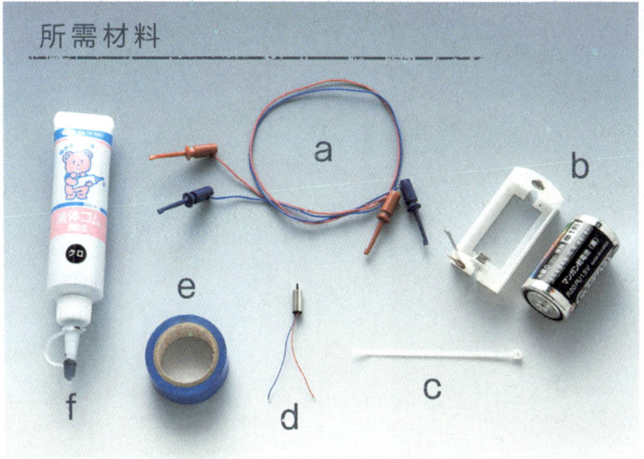

a 带IC测试夹的电线

所谓的IC测试夹就是顶端带有金属丝，连接用的线夹。可以在电子配件店里买到。在模型销售柜台常见的那种圆头的连接器也可以用，但是略重，会影响到移动。

b 电池和电池盒

用一节一号电池，五号和七号也行。最好选择带开关的电池盒，这样便于操作。

c 细的束线带

此处用的是100毫米规格的束线带。

d 小型马达

直径5毫米左右的小马达，可以在电子配件店或者模型商店买到。你也可以从废弃的手机或者CD播放器里面拆一个出来。

e 塑料胶带

很常见的东西，小卖部里就有得卖。颜色随你选。

f 液体胶

挤出来的是黏稠的液体，放干后材质就会变得同橡胶一样。

制作方法

1

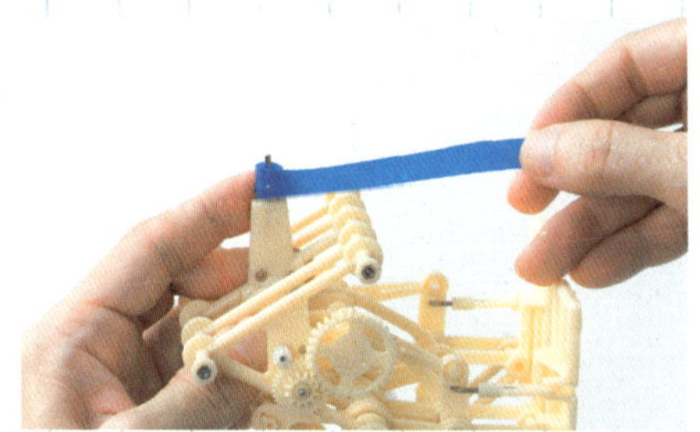

把塑料胶带裁成8毫米宽的样子，缠到原来装风车的传动轴上。之后它就会作为马达的传动轴来传递动力了。缠多厚要根据马达的直径和胶带的厚度而定，一般要用15~20厘米长。可以适当多缠一些，随后可以根据马达的状况再截短。

2

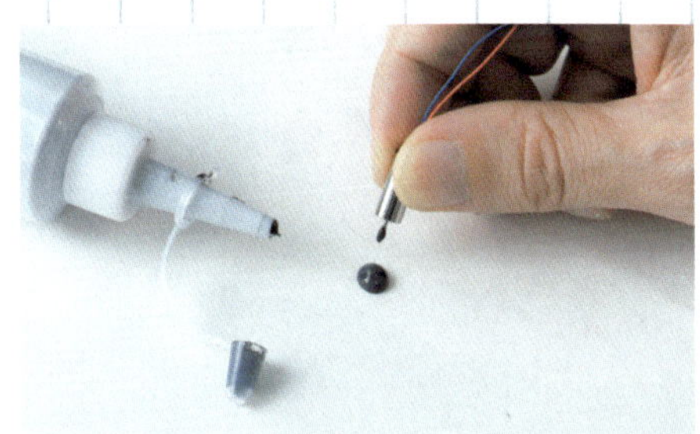

因为马达的轴直径只有0.8毫米，这样是无法完全传导动力的。我们要用液体胶给它加粗。最好不要直接拿胶管往上涂，要像如图所示的那样，把胶水滴在一个平坦的表面上，然后拿着马达轴往里蘸。这样会涂抹得比较均匀。涂好后要头朝下把它晾干（如果横放的话，马达轴上的胶水就会凝固成椭圆形）。

3

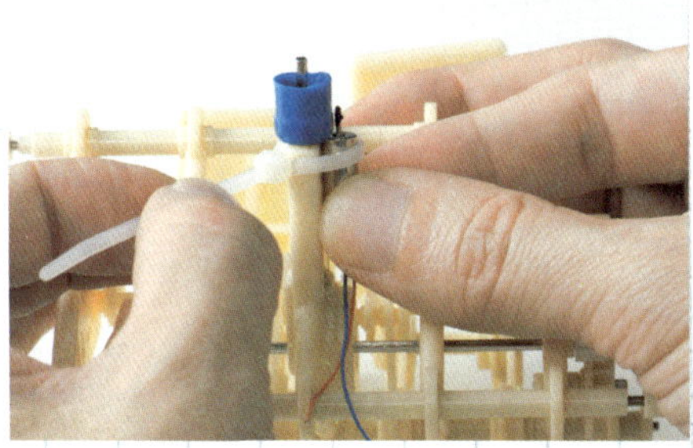

接着用束线带把加粗过的马达和胶带卷固定在一起。绑得太紧或太松都会导致机器人动不了。等接好电池后，要再把胶带的厚度和马达的位置调整到合适的状态。可能要修整多次才能成功。

4

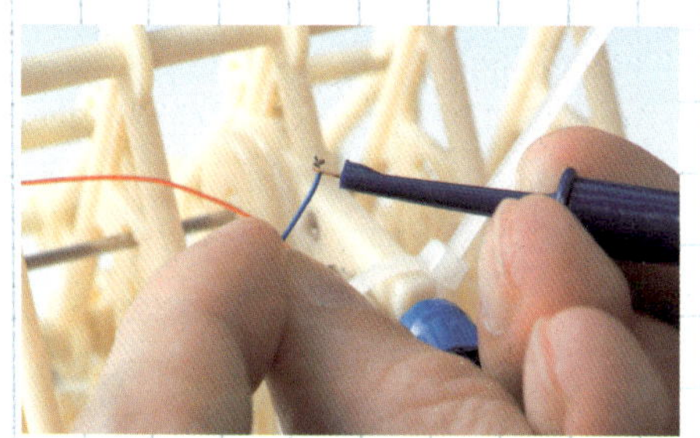

然后用IC测试夹把马达的电线跟电池连在一起。先用蓝线接负极、红线接正极。等通电后机器人要是倒着走的话还得把接口再颠倒过来（倒着走可能走不好）。

5

完成！打开开关，它就会有节奏地动起来啦！不过有时可能会因为用力过猛摔个屁股蹲儿，这时就要再调整重心。跟朋友一人来一个的话，还能让它们一起玩儿相扑呢！

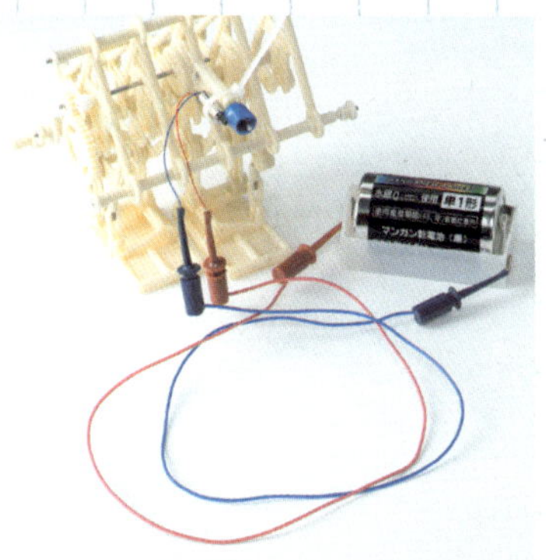

应用 它能走多远？ 用纽扣电池实现无线化

把大电池和电线连在机器人身上虽然经济实用又操作简单，但是人必须拿着电池盒跟着机器人一起移动，总感觉美中不足。那么，我们就用纽扣电池来做个全自动的机器人吧。纽扣电池的型号是LR44，电池夹也可以在电子配件店里买到。其实用胶带把电线跟电池缠在一起也凑合着能用。做好后再用束线带连接电池与马达。电池安装的位置如图2所示，尽量把它放在机器人的中央。不过，因为LR44的电容量比较小，没走一会儿就会把电耗光。这个改装略显奢侈哟。

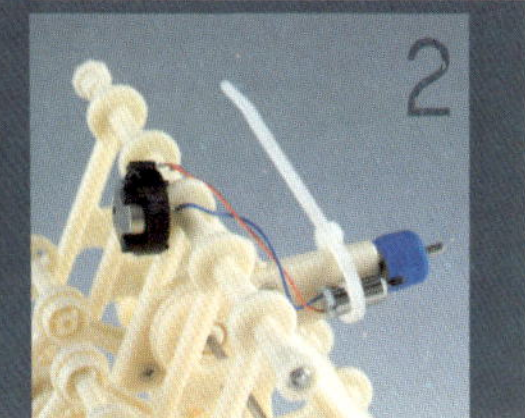

第二种方法

内置LED灯：装点浪漫的夜晚

不用加热器，不用基板，我们来把LED灯装进机器人的身体里吧！夜钓浮标上用的电池正好能放到平衡器的塑料管里。在漆黑的夜晚点亮这么一盏LED灯，在灯光的明暗中感受风的流动吧！

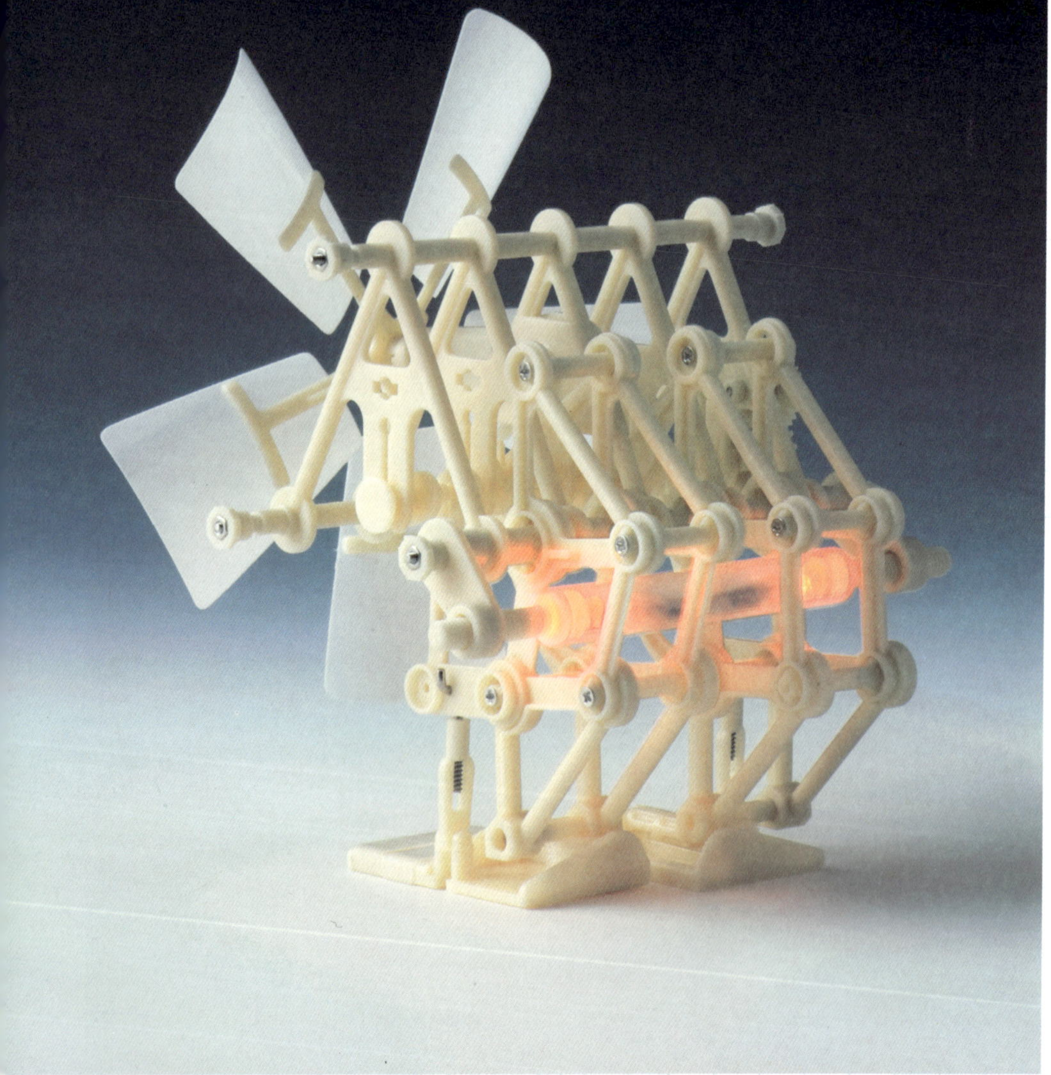

所需材料

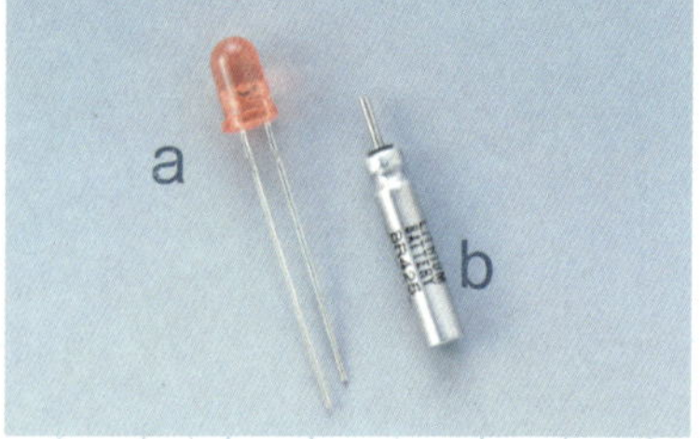

a LED

一般使用直径5毫米的。虽然可以使用任何颜色，不过还是推荐大家用红灯，即便在低电压的情况下也可发出明显的光线。

b 锂电池

这里使用的是松下BR425型电池。在钓鱼用品店里就可以买到，两个一包。正好我们也要装两个灯在机器人里面。

制作方法

1

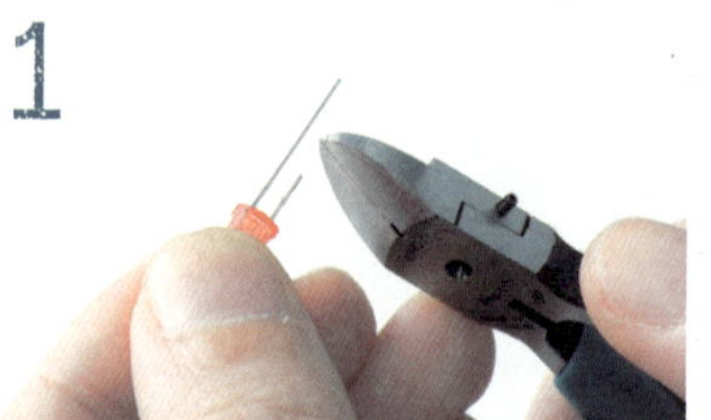

先把LED灯的针脚剪成如图所示的那样。就是把长的那一端变得更长。长度差跟图中略有出入也没关系。

2

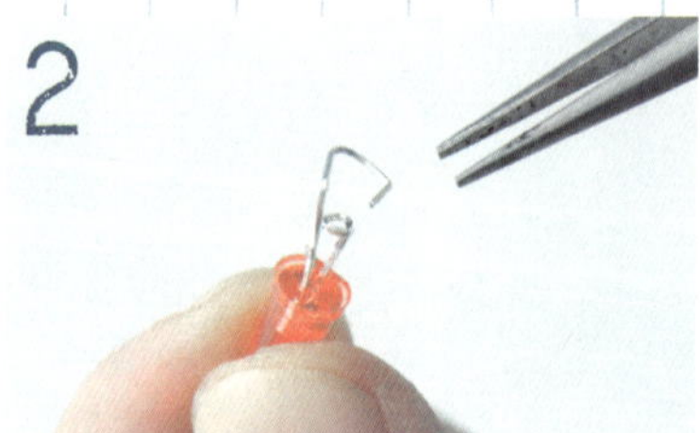

用尖嘴钳把针脚扭成如图所示的样子。把短针扭成小环，长针扭成大环。这两个环是用来固定电池的。

3

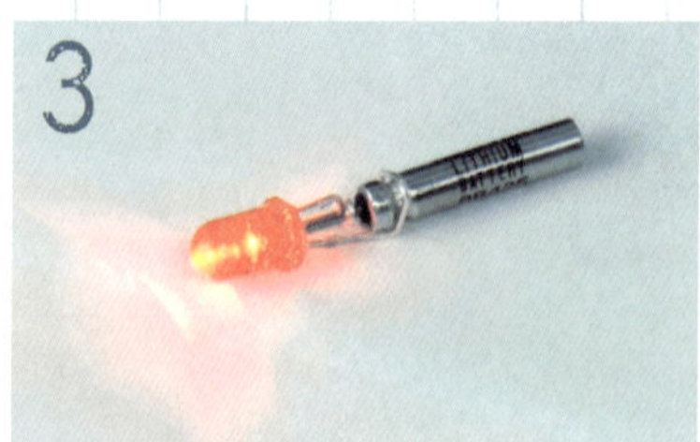

把电池安在LED灯上。要小心不要把位于电池中心纤细的端子（负极）和电池身（正极）接在一起，否则会造成短路。要是扭成的环大小正合适的话，就能稳稳地把它固定住。要是有晃动的话，可以用胶带缠好电池后再塞进去。最后，把这套小装置放进平衡器的塑料管里就大功告成！

第三种方法

风力书法机器人：背上笔杆写字去

最后的改造方法就更简单了。用束线带把笔绑在机器人身上就行。把它放在纸上走的话，会根据风力的强弱留下或粗或细的笔迹。画出的线就相当于风力强弱的记录。而且笔杆还起到了支撑棒的作用，即便是迎面吹来了很强的风，也不容易摔跤哦。算是额外收获吧。

所需材料

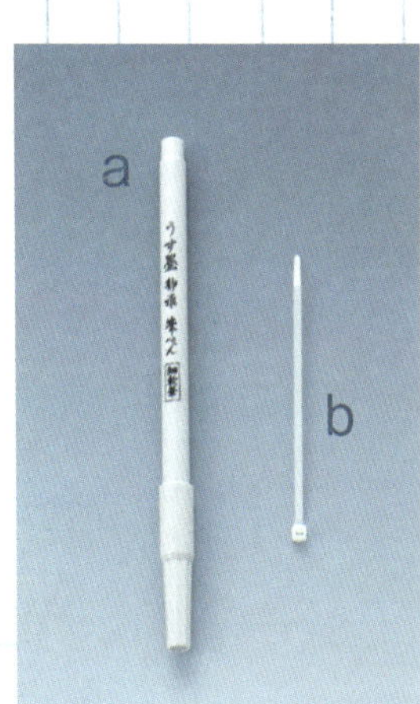

a

软头笔

要选择笔杆细重量轻的，笔尖的形状和墨色浓淡随意。这次是想通过笔迹体现风力的强弱，所以选择了薄墨型的。

b

束线带

制作方法

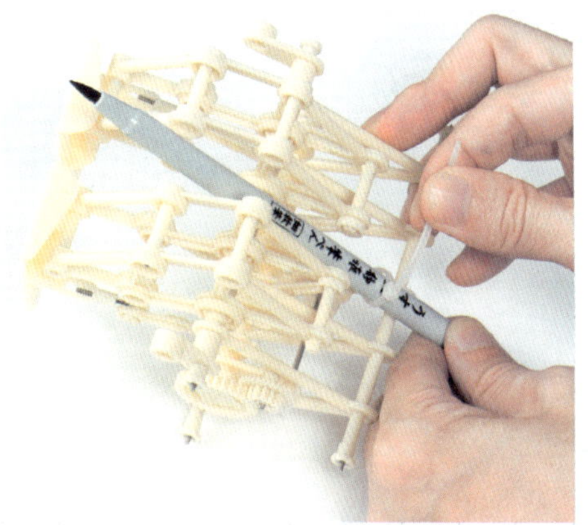

去掉平衡器，用束线带将笔固定到曲轴后部。要调整好笔的高度，以机器人站立时笔尖能轻触到纸面为宜。如果能顺利画出线条的话，笔杆略微偏斜也没有关系。做好后就拿到纸上做个试验吧。它能画出很复杂的线条哦。但是要注意别让它走出纸面，以免把地板弄脏。

ARLISS2012 庆应大学“龟之队”奋斗记

探测器在月球或者火星表面上实现了软着陆，
完成任务的宇航员们安全回到地球上……
这些事实时常让人感叹，人类探索宇宙的技术已经先进如斯。
有这么一群学生，他们也想向宇宙发起挑战。
这就促成了ARLISS（A Rocket Launch for International Student Satellites）的诞生。
这项赛事于每年的9月在美国内华达州的黑岩沙漠举行。
下面我就给大家介绍一下庆应义塾大学的龟之队的情况。
他们参与了这项竞赛中的“回归竞赛（comeback competition）”项目。
这群年轻人为梦想表现出的热血和激情，
让我们看到了日本下一代宇宙开发的新希望。

位于沙漠粗糙地表之上的探测器

跟火星探测器的使命一模一样！

把探测器送到地面上的目标位置！

协助／庆应义塾大学研究生院 SDM研究系神武研究室 UNISEC 摄影／小布施聪 本庄泰生
策划・撰文／工藤夏未 插画／藤井育子

4km

③ 分离，放出探测器

庆大龟之队的比赛过程

①从发射场将搭载有自动控制机器人（自主行走探测器）的火箭发射升空。

②火箭爬升到4千米的高度。

③火箭停止上升后，就投放探测器，并开始下降。探测器自带的光敏装置发挥作用，告诉机体自己是从黑暗的火箭内部来到了户外。

④计时装置启动，打开降落伞。

⑤着陆。因为会受到风力影响，所以很难推算出会落到哪里。探测器会根据自身携带的气压传感器认识到自己已经到了地面上，然后利用镍铬合金线的热度把身上连接的降落伞绳子切断。

⑥探测器开始自主行走，通过GPS导航设备一边确认自己与终点的距离，一边向目的地移动。

② 火箭上升

④ 打开降落伞

⑤ 着陆

① 发射场

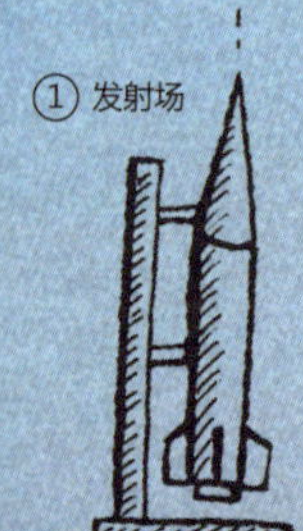

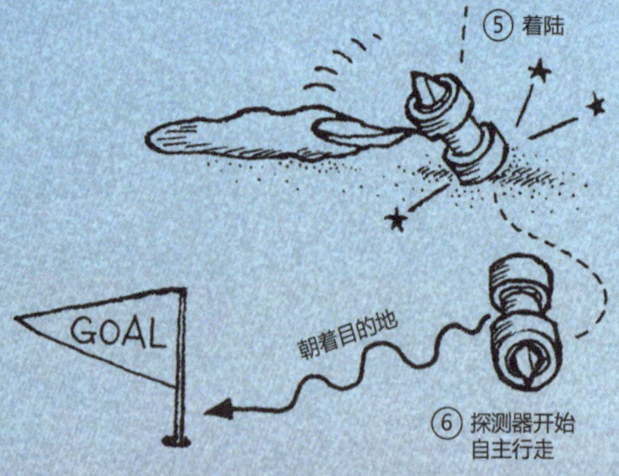

⑥ 探测器开始自主行走

内华达州的沙漠就是舞台

所谓的回归竞赛，就是考验火箭投下的自动控制机器人的着陆点和目的地之间距离的竞赛。距离最近者胜出。这种自动控制机器人的名字叫作“CanSat”。竞赛的舞台就是美国内华达州的黑岩沙漠，那是一片广袤无边、寸草不生、土地龟裂的地方。

CanSat的“Can”就是易拉罐的意思，“Sat”就是卫星“satellite”的缩写，字面意思就是大小跟易拉罐差不多的模拟人工卫星。回归竞赛规定，各队开发制作的探测器和降落伞必须能够装入内径145mm、长240mm的圆筒内，而且重量不得超过1050g。

从升空到下落、着陆、向目的地进发的过程就如左图所示。接近目的地的方法各式各样，既可以用轮子跑，也可以用翅膀飞。但有一条限制——所有的行动必须有据可查。例如，你发命令让机器人向右转，机器人就右转。这个右转的过程必须被记录下来。

共有来自日本、美国、韩国等国家和地区的18支队伍参加了2012年的回归竞赛。这里介绍的庆应大学理工学院的“龟之队”，队中8个人都是来自于一个叫作“SPindle”（参照文末标注）的教育项目的学生。他们已经连续参加了2011年和2012年两个年度的比赛。

把青春奉献给探测器的设计和制作！

2012年龟之队的活动从春天开始。他们的时间表是这样的：4~6月设计、7月份制作、8月份测试性能并改良、9月份去美国参加比赛。因为自动控制机器人不仅要求机器人要具备认识、判断的头脑，还要有相当的运动能力，这对理工学院的学生们来说是一大挑战。

队中的8个人分工合作、各司其职。有负责制作轮胎等部件的结构部门，有负责设计电子回路的电装部门，还有人负责最花时间的电脑编程。结构部门在用车床打磨零件的同时，电装部在不停地安装、调试各部分的电路。大家都是在废寝忘食地工作。此外，他们还得在课外打零工，攒够去美国的钱。队中有5个人最终成行。但整个队伍在9月之前的半年时间都是全身心地投入探测器的设计制作和打工之中，全部的生活都是在为ARLISS大会作准备。

虽然没有胜出，但朝着宇航的梦想更近了一步

龟之队在技术上费了很多心思，一门心思想要获胜。2011年他们的参赛探测器是履带型的，因为重量有限制，所以车体比较小，自然马达也就小。这样速度就起不来，耗电量也大，没能取得预期的成果。

他们吸取了教训，2012年的参赛探测器就采用了简单的两轮结构，轮胎还能减小落地时机器所受的冲击。因为从着陆点到目的地还有数公里的路要走，就得高效利用电池。因此，他们采用了大车轮的设计方案。虽说如此，但还是会受到容器大小的限制。所以他们就把车轮设计成可伸缩的样式，利用降落伞弹出时的冲击力，车轮的辐条会在弹簧的作用下伸长。这样的大口径车轮，即便在沙漠粗糙的地表条件下也能达到时速7~8公里。

其实他们在其他地方也下了很大功夫，因本书篇幅所限不能一一介绍。此次他们距离前三名只有一步之遥。虽然比赛到此为止，但是挑战并没有就此结束。

队伍中有4个人对未来抱有热切的希望：“将来，想在宇宙开发的第一线工作。”

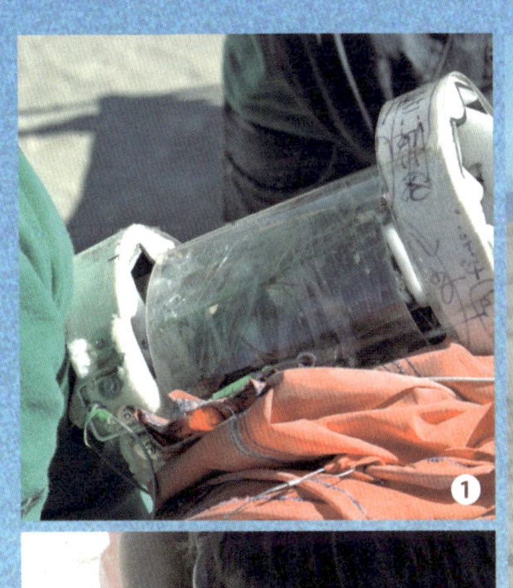

这就是探测器上搭载的装置。电动机驱动系统控制动力、SD数据记录器负责把一路上的数据存到SD卡上。车轮侧面做成突起的形状是为了防止侧摔。

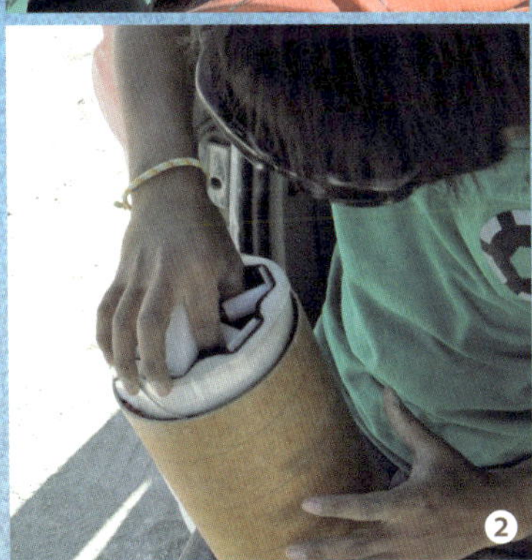

❶载着红色降落伞的探测器
❷把探测器和降落伞塞进圆筒
❸准备发射火箭
❹平安着陆的探测器和降落伞
❺在沙漠里测试探测器，为正式比赛作准备
❻队员们在全神贯注研制探测器
❼全体队员合影

注：Spindle（Systems Engineering/Project Management introductory lesson）这是由两家机构共同组织的一个教育项目。由庆应大学研究生院 SDM 研究系神武研究室的神武直彦副教授、白坂成功副教授和东工大理工学研究系的坂本启助教指导。

大人的

御宅族(OTAKU),是句赞美之辞哦。

御宅族制作室

阿宅君

撰文·编辑/阿宅君
摄影/涌井直志 大野真人
插画/ JUN OSON

只有那些对自己选择的路深信不移走到底的人才能成为偏执狂,而他们的最高境界就是"御宅族(OTAKU)"。
这些人制作出的作品,从创意到材料都与普通的制作大不相同。
在"大人的御宅族制作室"里,阿宅君将采访几位制作能手,
并为大家介绍一些只有顶尖高手才能完成的精彩作品。
你要不要也试着做做看呢?
让我们一起来挑战"御宅族制作"吧!

FILE Google 水道橋重工 クラタス

做个能乘坐的超大机器人出来!

实现人类梦想　让机器人爱好者为之垂涎

究竟是从何时开始，我们就梦想着能驾驶巨型机器人呢？有人说，跟欧美一直追求的“人机对话”相比，日本人更喜欢去“操纵机器人”，有很多以此为主题的动画作品。可能是受到这种思想的影响吧。

就是在机器人开发方面非常先进的日本，最近我们听到了这样一条消息：能够帮我们实现梦想的大型机器人出现了！它的名字叫作“KURATAS”。它的制作者就是以仓田光吾郎先生为代表的“水道桥重工”团队。貌似他们是在山梨县的深山中悄悄地开始这个震撼世界的制造计划的……

仓田先生还曾经造出过原尺寸大小的眼镜斗犬（scopedog，sunrise公司出品的动画《装甲骑兵波特姆斯》中出现的战斗机器人），一时间引起轰动。此次又造出了这么一个大家伙，听说还打算出售，售价一亿日元，只要有钱谁都能买。这件事让各家媒体兴奋不已，争相报道。现在距它初次亮相已经过去了数月，下面我就采访一下这个机器人背后的仓田先生。他现在可是居于御宅族制作室业界的顶峰。

是什么促使您开始做大型机器人的？

我父亲是名铁匠。我刚开始对这一行不感兴趣，后来上高中时在一个暑假里一次去父亲的工厂里玩，一下子就对这个工作着了迷，深陷其中不能自拔。（笑）现在铁匠还是我的本行，但貌似因为爱好的缘故，玩的东西越来越大了……刚开始我是想做个超大的塑料模型的，现在主要就是做这个。不管是当初做一比一的波特姆斯机器人，还是现在弄这个大家伙，一直都是我个人在做。这就是我的行事风格。

最辛苦、最花时间的是做哪部分呢？

如你所见，它非常沉重，大概有4吨，有的零件就重达350千克，真是够呛啊。可又不能切成好几块，所以搬运起来特别花时间，动起来真的不容易啊。而且这并不都是计算好才往上装的，只能通过试错法来不断调试。这部分就非常花时间。顺便一提，因为这次是想做个可驾驶的机器人，所以里面装了液晶操纵屏，看着屏幕操作机器感觉很棒。

如果这次能顺利卖出的话，下一个打算做什么呢？

现在还不清楚。不过每次做完一个之后脑海里就会自然浮现下一个的想法。我有源源不断的动力。这次打算把机器人商品化，哪怕只卖出去一台也是好的。不过见到它的人们有反馈说“这里要是改造一下就好了”“想要更惊人的效果”，等等，这让我经常陷入思考。虽然网络上都众口一致说我已经做好了，但是我还在不停地对它进行改造，我觉得还没有真正完成。我想把它量产化，看见成排的机器人站在那里，多带劲啊。

大解剖！原来KURATAS的内部是这个样子！

“水道桥重工”是由负责设计制作的仓田光吾郎先生和负责操作的吉崎航先生组成的二人团队。他们造出来的庞然大物虽然售价高达一亿日元，但到现在为止已经收到了5000次以上的问询，从巴西到迪拜，询价的人来自世界各地。“请给我来个特制的！”这果然是有钱人玩的游戏啊！

动力由柴油发动机提供，使用的是油压驱动方式。通过油泵压缩柴油产生动力，驱动气缸伸缩。机器人的后背里塞满了跟油压相关的零部件。它能给全身约 30 个地方传送动力，但不包括手指。由一台电脑控制。

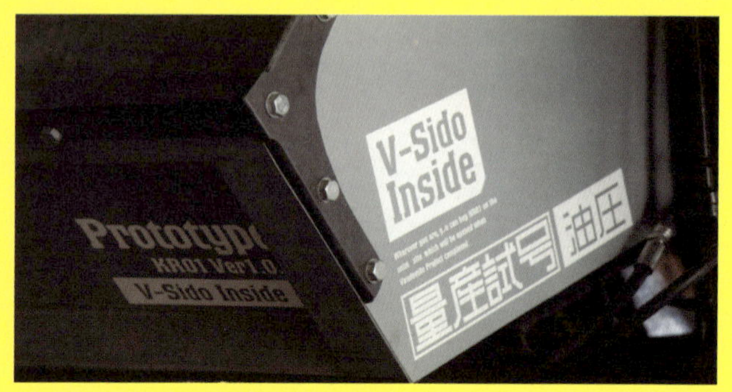

“机器人跟人不同，它浑身都是铁。哪怕只是让它抬一下脚都不易。很难掌握平衡。”吉崎先生如是说。他自己开发了一套控制机器人行动的软件“V-Sido”，让操作变得简易。

仓田先生认为“波特姆斯不也是用轮子跑的嘛！而且人也好操纵”，所以选择了轮型足。它的时速可以达到 10 公里，也能“倒车”。现在虽然是四条“轮子”着地，但将来一定要实现双脚行走的梦想。

左：吉崎航 先生 右：仓田光吾郎 先生

这个就是目前在改进的手掌部分

既然是身高 4 米的巨型机器人的手，毫无疑问也是一大块铁家伙。有可动的指型和钩爪型两种样式。仓田先生说购买的人可以自由定做。如果最终将这个机器人用于军事上的话，可能还会装上加特林机关枪吧，哈哈！

神秘的驾驶舱大公开！

什么？KURATAS的驾驶舱里还能用上iPhone？没错，只要在iPhone里面装上V-Sido的程序，画面中就会出现机器人的实时画面，这样就能客观地掌握它的动向，人机联系非常直观。

FILE Google 紙 PR-V

用纸做出了会走路的机器人！

制作费 400日元！

大人的御宅族制作室收到的一份情报显示，有人居然用纸做出了机器人！这个机器人全身还都会动弹！它的制作者兵头吉博先生说，他的理念就是想做出“会衰老的机器”。他的手工作品已经超越了纸艺的范畴，是真正的机械模型。感觉很了不起的样子哟！

你开始做纸制机器人的契机是什么？

十多年前，我突发奇想，打算用纸来做“端茶童子”（日本江户时代的自动机关人偶）。因为我是做制造业机械设计这一行的，就想尝试与之完全相反的东西。再说了，机械设计也都是在前人打好的基础上做些改造而已，纸制机器人从头到脚可都是我一个人鼓捣出来的哟。而且，机器是需要一个存在的理由的。比方说，要开发一个产品，就得跟着做产品生产线。一旦不需要这个产品了，这条生产线自然也就没用了，就成了工业废弃物。所以，最初我是打算做出“会衰老的机器”……嗨，反正就当是我为吹过的牛付出的代价吧。

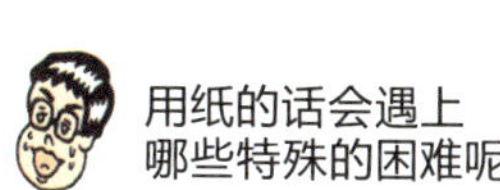

用纸的话会遇上哪些特殊的困难呢？

例如说下雨天空气湿度大，纸就会吸水膨胀，导致动作不灵。反正就是一天一个样儿。所以，即便它不是活物，也让人感觉到了生命的意味。不过就算是机器，每天的状况也会不同；同样型号的十台机器，它们之间也会略有差别。但正因为这个是纸做的，反而更加容易体会到这一点。

我听说纸制机器人肯定会上市销售？

价格最高也不会超过3000日元一个。但即使能卖到这个价钱，如果不是真心想做的话，成品也是没有生命的。要是从小就不喜欢做手工，根本做不出来。

用身边的材料制作出精巧的手工纸壳机器人！

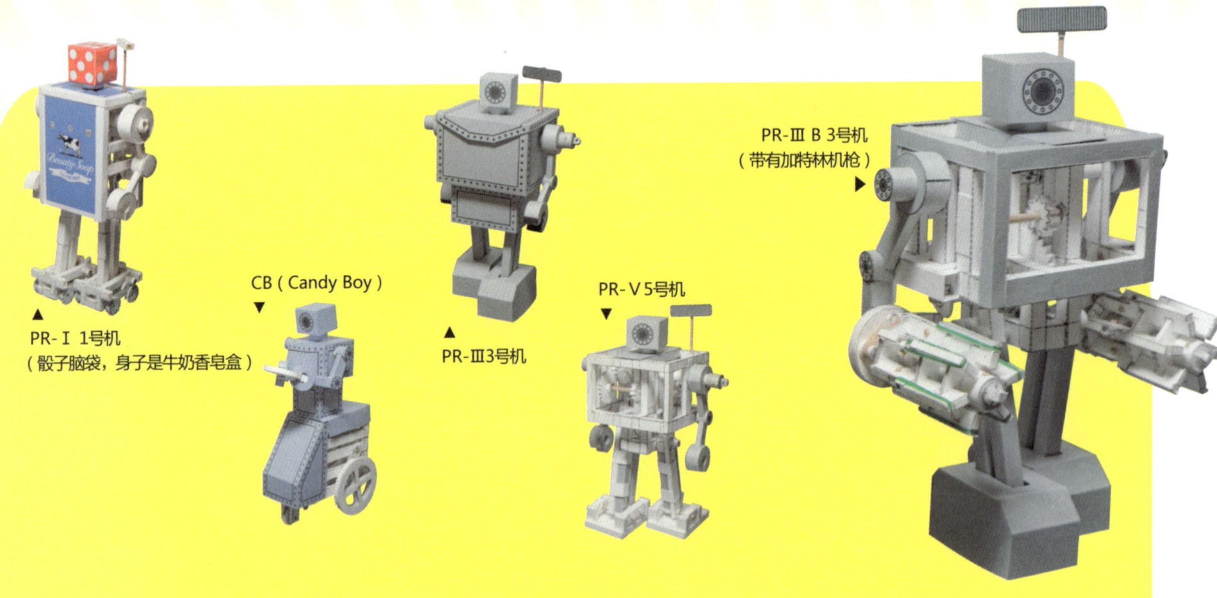
PR-Ⅰ 1号机
（骰子脑袋，身子是牛奶香皂盒）
CB（Candy Boy）
PR-Ⅲ3号机
PR-Ⅴ5号机
PR-Ⅲ B 3号机
（带有加特林机枪）

让我们好好看看这些“进化”神速的机器人吧！

造型非常特别的 MPM（Mechanical Paper Model）的设计来源于小时候的回忆。“原型就是我上学前自己用空盒子贴出来的机器人。它的身体是牛奶香皂盒做的，脑袋是骰子状的糖块儿。”兵头先生说。

1 要说哪里了不起的话，机器人身上用的齿轮都是纸做的哟！为了保证强度，要把 8 张肯特纸牢牢粘在一起，然后再用裁纸刀切出需要的形状。

2 通过扭转右肩上的橡皮筋来获得动力，让机器人走起来。橡皮筋就是模型飞机上用的那种。

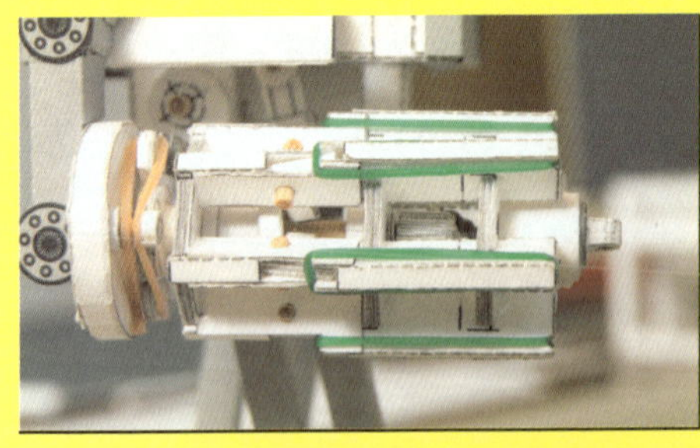

3 加特林机枪会自动旋转并发射出橡皮圈！而且还能错开时间左右手轮流攻击！

4 有平面型和滑轮型两种样式的脚底板。装有滑轮的那种走起来步伐更流畅。

5

设计时要做到厚度不同的齿轮之间也能紧紧咬合。图中的厚齿轮跟旁边的齿轮是挨在一起的，通过微调轮轴的位置把它们装配好。

6

制作的关键就是在走路的时候能够变换腿的长短。图中正在调节倾斜度。

7

图中像天线的玩意儿是调速器。通过和一种名叫擒纵轮齿的齿轮配合，来控制转动的速度。

8

通过转动竹签来“上发条”。像传动轴之类都是用竹子做的。即便是同一型号的10台机器人，彼此的动作也都不同。

那样细致的手工活，相比佛像制作师的手艺也毫不逊色！

位于自家二楼的卧室就是兵头先生的制作间。据说完成一台机器人得花三个月的时间。他说：“做第一台机器人的时候，我用了9个月的时间才让它走起来。不过这下算是搞清了传动装置的比例，做2号机大概用了几个月。现在这台3号机，只用了3个月哟。”

详解步行的机制

双脚步行到底是个什么样的走法呢？

附件模型机器人的有趣之处就在于这个机器人可以用两条腿走路。
因为双脚步行是人类独有的特征之一，
看起来就觉得特别亲切。
但是，人到底是怎么用双腿走路的呢？
因为太理所当然了所以大家都没有认真考虑过吧。
那就让我们一起揭开它不为人知的真面目！

监修/名古屋大学研究生院环境科学研究系副教授 依田宪
冈山大学研究生院自然科学研究系教授 铃森康一
东京大学信息工程学研究系教授 国吉康夫
撰文/松本净 插图/藤井育子

企鹅腿部的骨骼自膝盖往上都埋在身体里。这种构造猛看上去觉得很不方便，其实这样可以降低身体的重心，走路更稳当。而且在潜入深水的时候还能有效地保护下腹部。

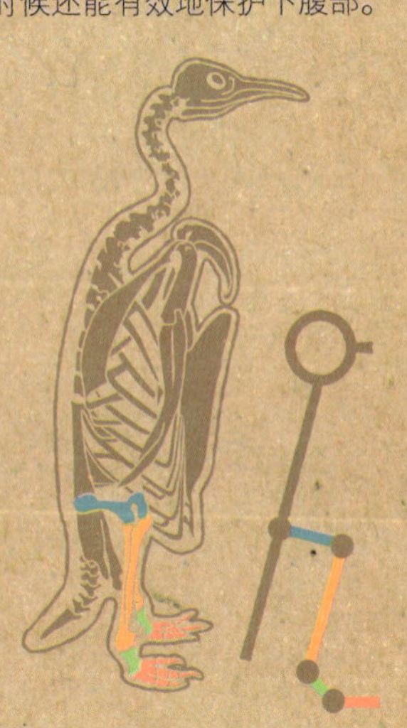

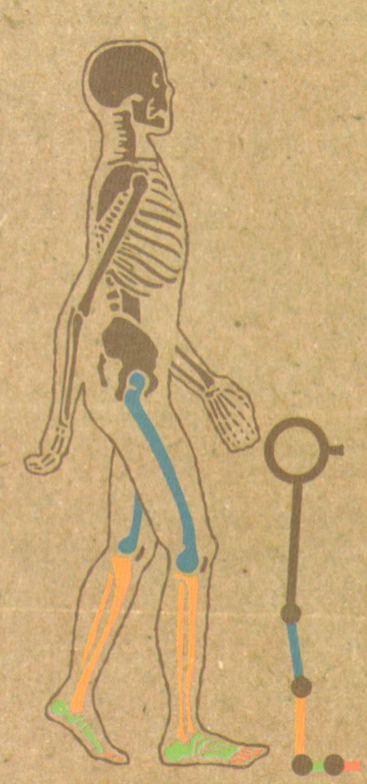

企鹅左摇右摆的走路方式真的效率低吗？

除了人类之外，平常用两只脚走路的也就只有鸟类了。它们之中唯有企鹅摇摇摆摆的走路方式（waddling）像小孩子一样可爱。鸽子和乌鸦就不是这样走的。这种走路方式之所以得到人们喜爱，恐怕是因为这跟人类直立双脚行走的样子很接近吧。

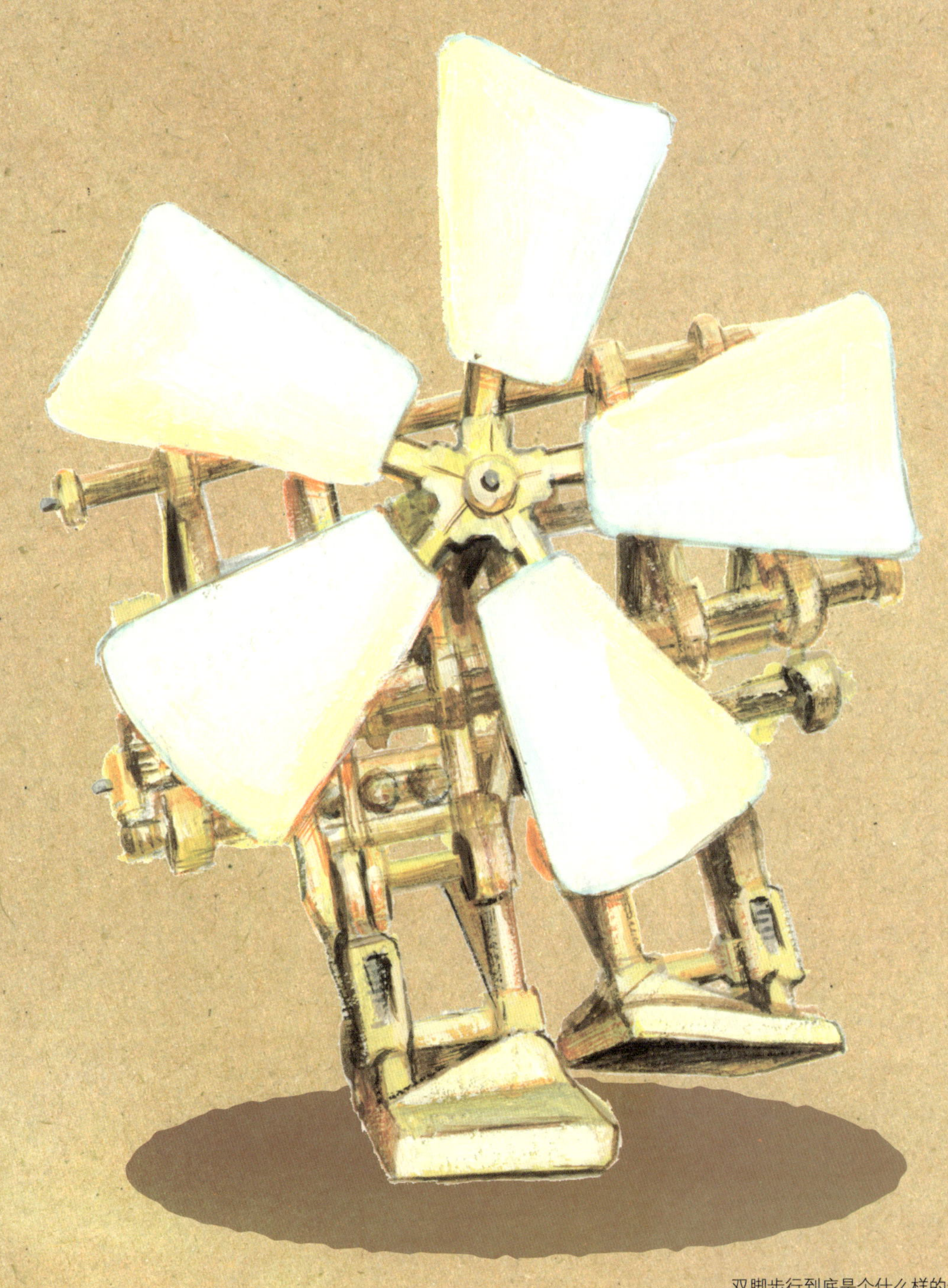

与人类前后晃动身体相比，企鹅与双脚机器人走起路来都是左右摇摆。这个共同点也是很多人看到双脚机器人后就联想到企鹅的原因吧。其实双脚机器人的名字"Animaris imperio"就是源自企鹅。

其实看到它们的骨骼构成你就会清楚地发现，它们并不是真的在"直立行走"。从外面看起来直挺挺的双腿，实际上膝盖是弯曲的，就像坐在椅子上一样。企鹅就是保持着这种"虚坐"的姿势，脚丫上下翻飞，一步一步向前走的。从我们人类的视角出发，这种姿势无疑是非常奇怪的。但实际上真的如此吗？

一般说来，人类，以及鸟类，用双脚行走的动物都是通过前后晃动身体，采用像钟摆一样的能量交换模式来走路的。相比之下，左右晃动身体走路的企鹅，即便在鸟中也是一个异类。因此在很长的一段时间内，人们都认为这是一种低效率的、不成熟的走路方式。

直到2000年的时候，美国科学家Griffin博士和Kram博士才纠正了这种误解。他们的研究成果表明企鹅这种蹒跚而行的走路方式是最适合它们身体条件的。无论是左右摇摆还是前后摇摆，都存在和钟摆一样的能量转换，从整体上说，企鹅的走路方式消耗的能量最少。其实自鸟类开始，人类对其他动物步行方式的研究都不多，还留有很多未解之谜。但是，不管怎么说，生物都会使用最适合自己体质和生存条件的、最经济有效的步行方式。

那么，人类到底是怎么走路的呢？我们接着往后看。

生物都会选择最适合自己身体的步行方式！

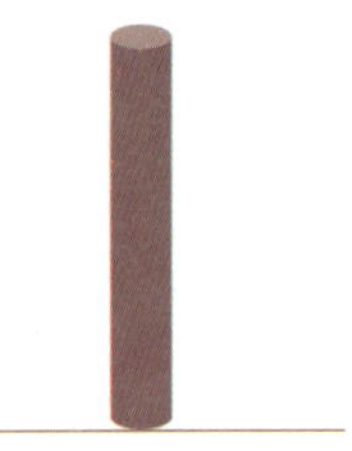

站着不摔倒 是怎么一回事呢

双脚移动 不破坏平衡

在解释步行动作之前，我们先了解一下“双脚站立”。

要是不把两只脚的梯子靠在墙上的话，是很难把它立起来的。原因就在于它的重心高，而接地面积却太小。是什么决定了静止的物体稳稳站立着还是一跤跌倒呢？答案就是支撑多边形和重心之间的位置关系。

所谓的支撑多边形，简单地说，就是能够支撑物体重量的一个面。例如说，放在地上的箱子和水壶，它们的支撑多边形就是与地相接的底部。这么一说就容易理解了吧。很多动物是用脚来支撑身体的，这种情况下，足底与地面之间的所有接触点连在一起构成的最小多边形区域，就是支撑多边形。

能让物体平稳站立的条件只有一个：就是从上方观察时，这个物体的重心落在支撑多边形的内部即可。

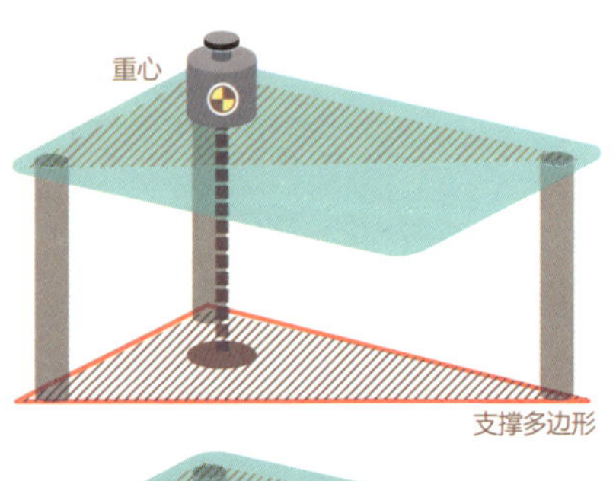

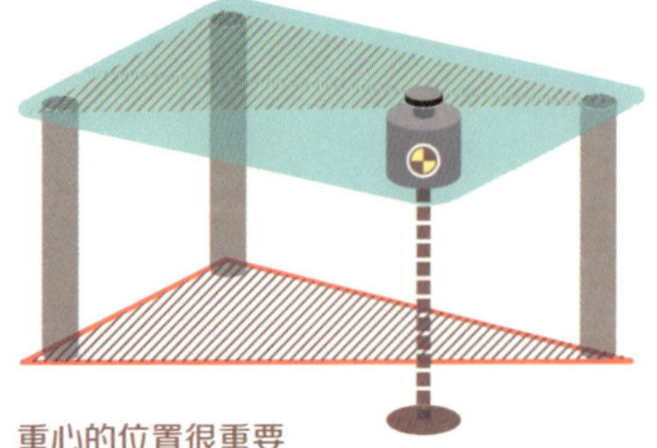

重心的位置很重要

被锯掉一条腿的桌子，正处在将倒未倒的边缘。如果在桌子上放一个砝码，那桌子的状态就取决于砝码所在的位置。桌子的三条腿围成的范围就是它的支撑多边形，重心在这个面上的话桌子就倒不了。反之，重心要是落在这个范围之外，桌子就必倒无疑。

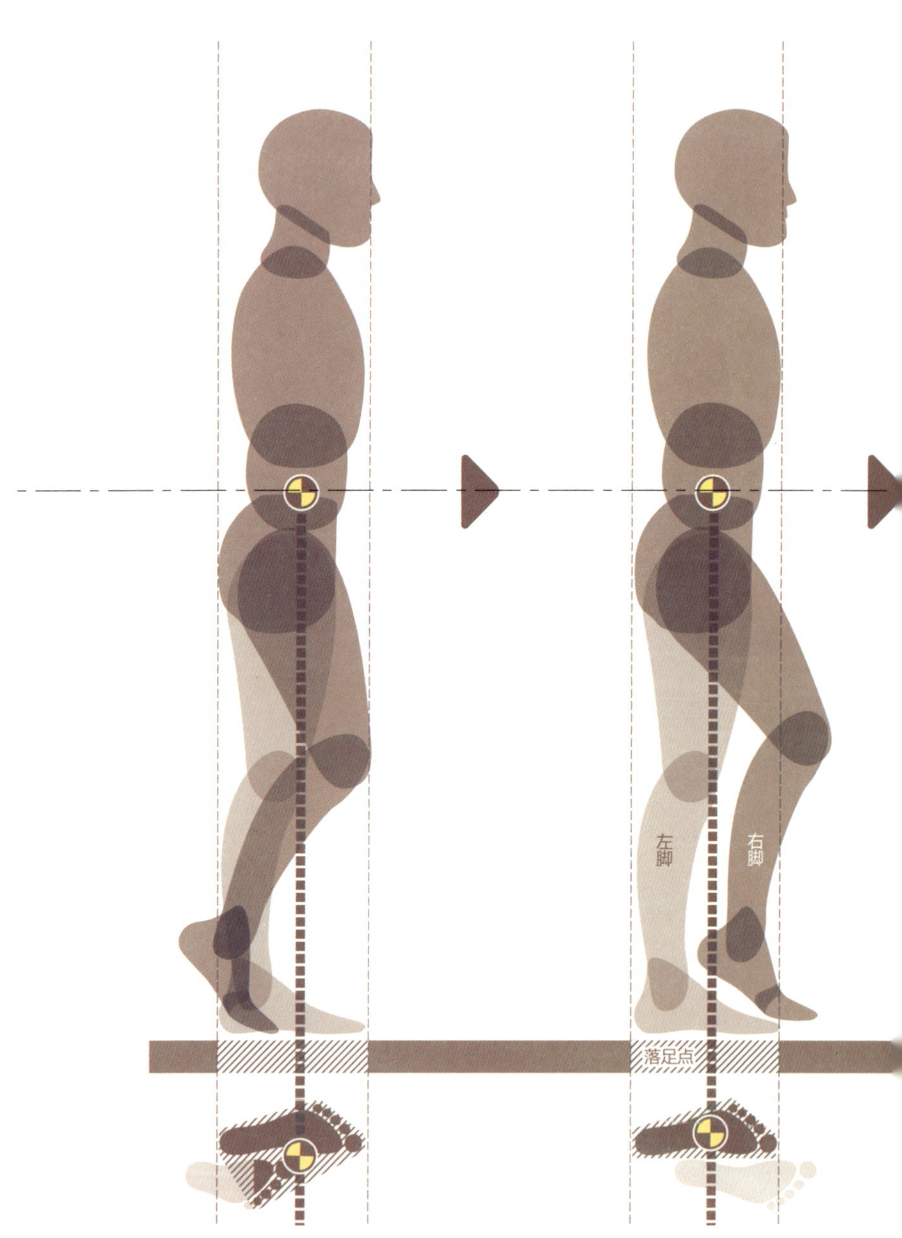

人类的步行及重心移动

上图是从右脚抬起到落下这一系列动作的分解示意图。重心一直在接地那只脚所构成的支撑多边形的内部和外部之间移动。

步行就是在要摔倒的时候伸出脚

那么，如果违反了支撑多边形和重心的这条规则，破坏了平衡的话，会怎样呢？当然是跌倒啦。

身体积极地前倾破坏平衡，为了不摔倒而伸出脚支撑，就这样左右脚交替前行……粗略地说，这就是步行。走路的时候，人的身体是以支撑脚的接地点为中心，就像往前方摔倒一样地做循环动作。下图就是从右脚抬起向前伸出直到落下这一系列动作的分解示意图。有单脚着地的时候也有双脚着地的时候。重心就在支撑多边形内外进进出出。双脚同时着地的时长约占这一系列动作总时长的五分之一。

也就是说，身体利用向前倾倒的重力朝前走，在即将摔倒的时候伸出脚支撑，然后再利用惯性（向前动作的趋势）让重心重新升高。就这样循环动作，一步一步往前走。

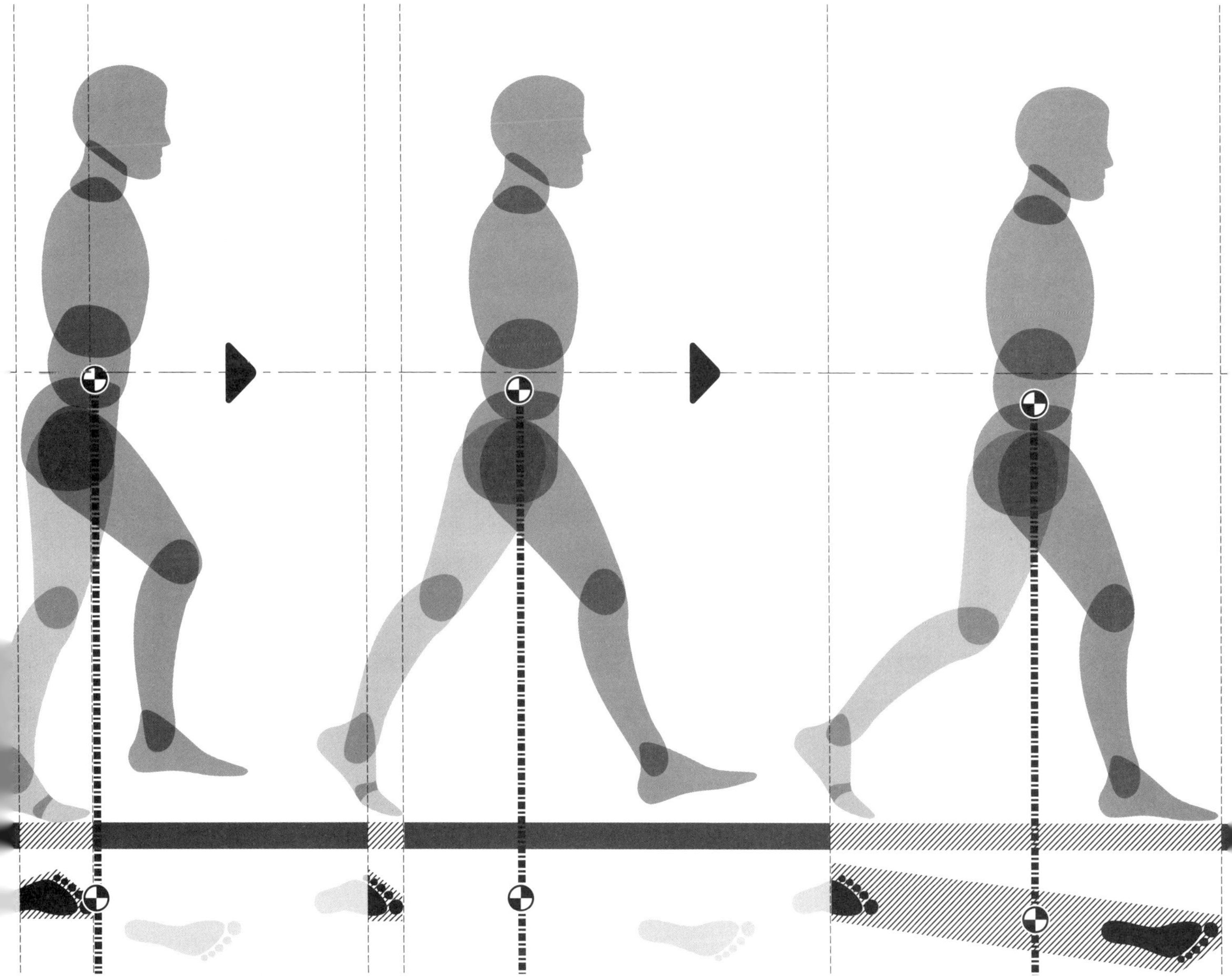

静态步行解析图

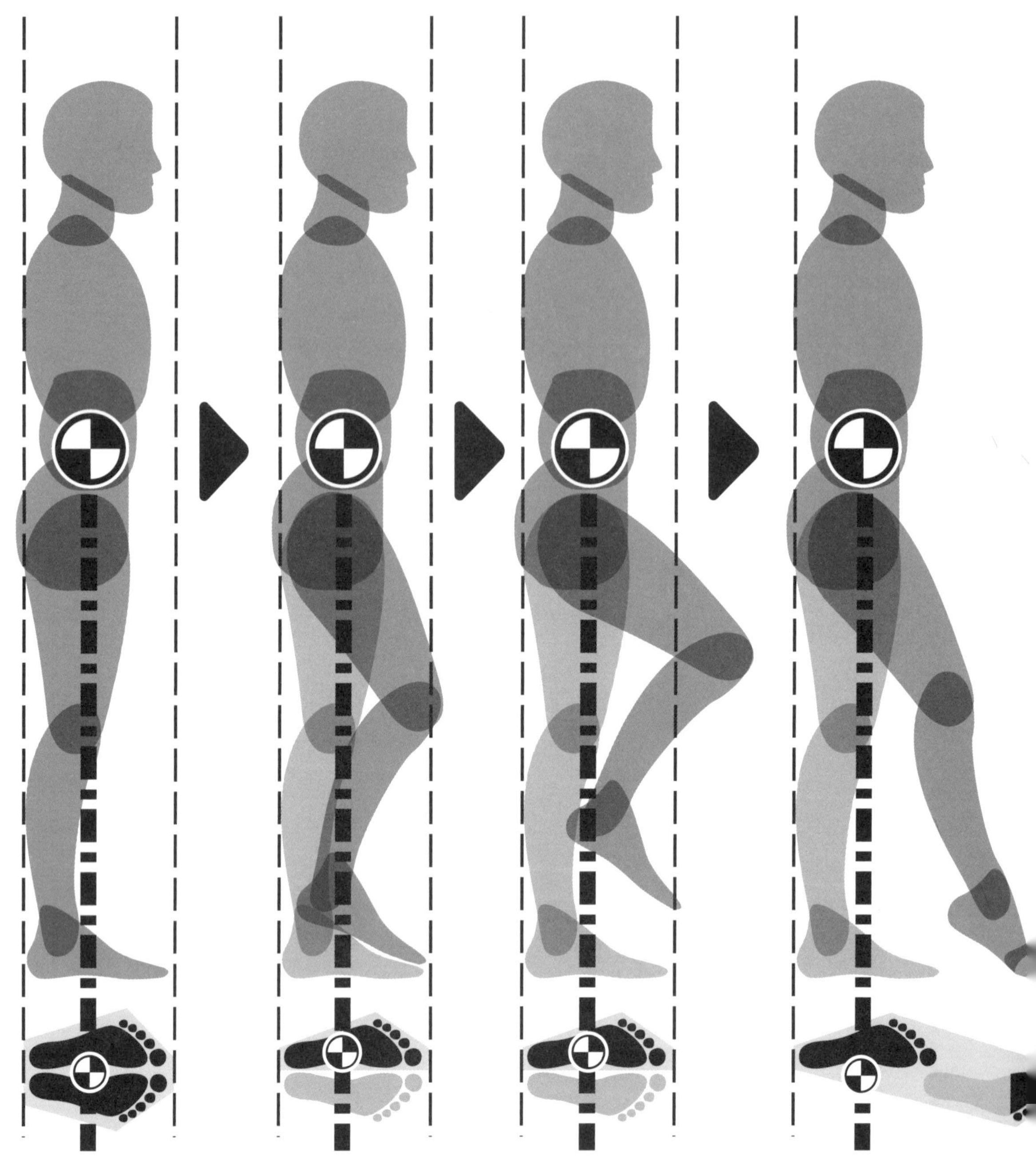

不破坏平衡的静态步行

从力学的观点来分析的话，步行分为好几种。遵守重心必须落在支撑多边形的范围内的规则，保持身体平衡状态的步行方式叫作“静态步行”。与之相对，重心落在支撑多边形范围之外的步行方式叫作“动态步行”。而人类这种重心在范围内外来回移动的走路方式，则叫作“半动态步行”。

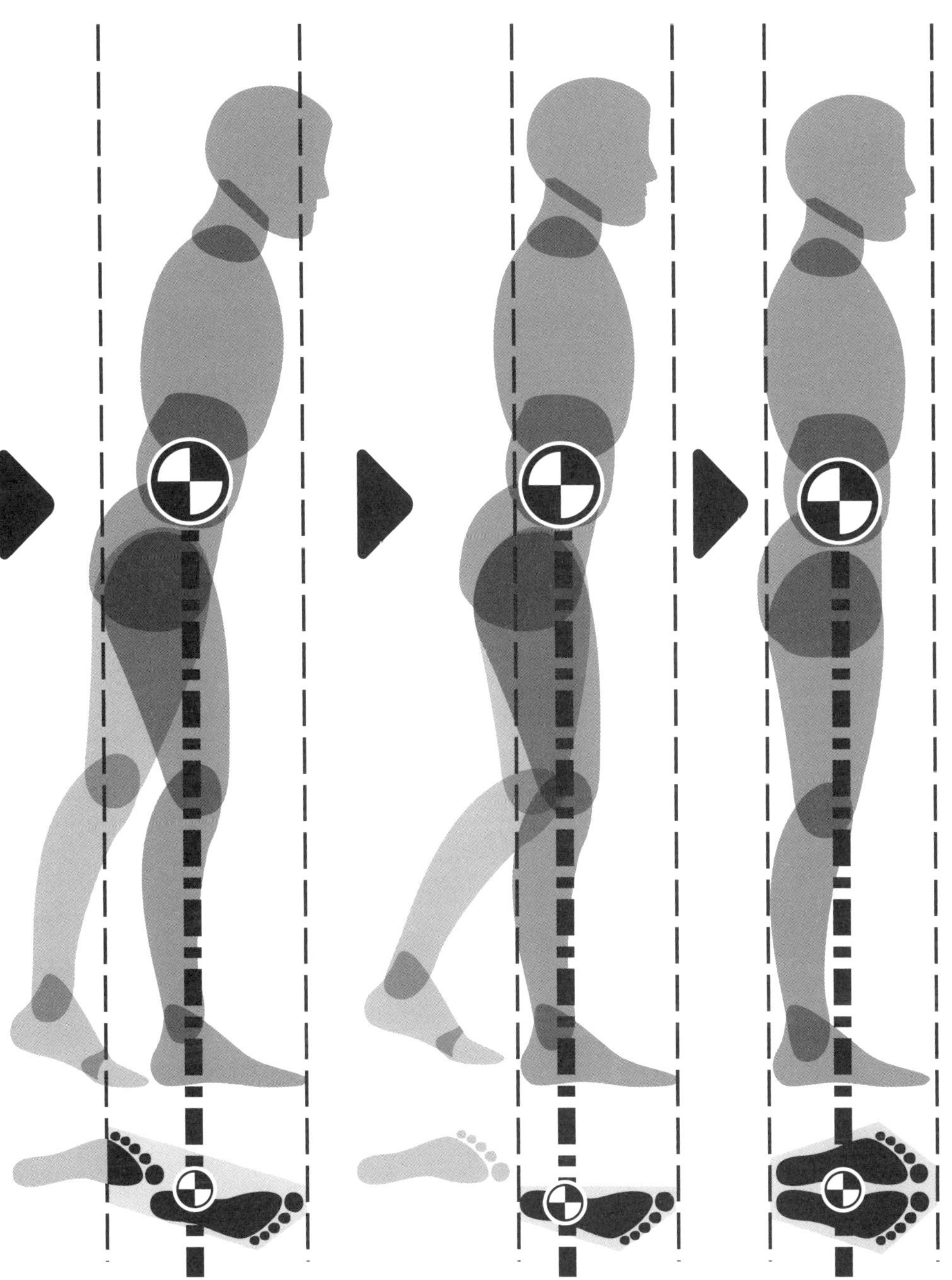

最直观、最简单的区别方法就是看步行途中能不能随时中止。因为静态步行满足任意瞬间都不会跌倒的条件，所以步行动作能随时停下来的就是静态步行，要是某些动作停不下来，就是动态步行。轻手轻脚、缓慢移动的走路方式，就属于静态步行。实际走走的话你就能明白，安静地移动脚步的时候，身体的重量就集中在作为轴心的那条腿上。当抬起的脚慢慢前进轻轻落地后，体重随之转移到这只脚上。如此这般循环往复。“蹑手蹑脚”说的就是这样。

只依靠骨架就能行走的“被动步行”

直到不久前人们还认为步行动作是需要在敏捷复杂的神经系统的支配下才能做到的。但事实并非如此。

你见过那种会咔哒咔哒下坡的玩具吗？像这种既没有肌肉也不受神经控制的步行方式，我们称之为“被动步行（passive walk）”。被动步行是动态步行的一种，动作所需的能量全部来源于重力。

这种玩具的原型拥有像圆规似的两条腿，脚底是圆弧状的，这样不容易受到地面的阻碍。只要轻轻地把它放在坡度较缓的斜面上，它的两条腿就会像钟摆一样交叉向前，咔哒咔哒地走下去了。这就是只依靠骨架就能实现的“被动步行”，很奇妙吧。

如果不采用圆规式的结构，做成像人一样有膝关节的样子，也是可以在斜面上走动的。只要测试好各部件的连接方式，调节好重心平衡，就能顺利走路。它下坡的时候跟人相同，轴心腿伸直，抬起的腿部膝盖是自然弯曲的状态。

其实 19 世纪的时候人们就已经认识到了被动步行的存在，直到现在还有不少利用这个原理做成的玩具。但这种步行方式在 20 年前因为双脚步行机器人的研究才真正地进入到人们的视线。详细的构成原理还有待查明。但至少我们明白了一点：我们的骨骼并不仅仅是受肌肉控制用来支撑身体的部件，它的样式本身，就是实现双脚步行的要素之一。

通过肌肉一起动起来的骨骼和关节

虽说只要有骨架就可以行走，但只靠它是无法完成步行的。在讨论人类步行机制的时候，不得不提的就是跨过两个及以上关节的肌肉——多关节肌。

例如位于人体大腿正面的股四头肌，还有连接臀部到膝盖窝由三条肌肉组成的“大腿后肌（Hamstrings）”，它们都是多关节肌，都与髋关节和膝关节相连。这种结构意味着行动时就会自然地产生一体化的动作。

大腿上的这两组肌肉，前后分别与髋关节和膝关节相连，两者的动作正好相反，一方伸展的同时，另一方就收缩。也就是说，背面的大腿后肌收缩时，大腿伸直，腰部和膝盖自然弯曲。相反，前面的股四头肌收缩时，大腿后肌就伸展，将大腿抬起，膝盖伸直。这就是抬脚向前走时肌肉的一系列活动。

乍一看多关节肌活动时，总要带动一系列关节共同活动，这样就限制了动作的自由。其实，借助大腿后肌和股四头肌之间相互配合，腿的伸缩就像弹簧一样连续规律地运动，能够直接将力施于地面，步行的节奏也更加流畅自然。

总而言之，肌肉不仅只是产生强大的力量，它还能大范围地连接骨骼和肌肉，发挥调节步行的作用。

股四头肌和大腿后肌

两者在膝盖关节伸张与屈曲上相互配合。股四头肌收缩时腰部弯曲，膝盖伸直。大腿后肌收缩时腰部挺直，膝盖弯曲。

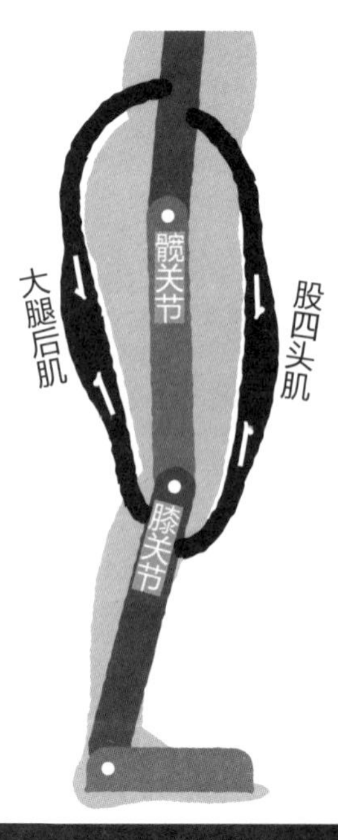

抓住关键点就会走得顺

虽说特别的身体构造能够完成大致的步行动作，但这也仅限于实验室条件下在准备好的平缓的坡道上行走。要是在真实的地面上行走的话，就必须得在凹凸不平的表面或者斜坡上保持住身体的平衡，还能够朝前走。因此，神经对肌肉的控制必不可少。但是，问题在于控制的“程度”。如果神经需要在千分之一秒的时间内对身体大大小小数百条肌肉全部发出指令的话，会是什么样呢？这个计算量，且不说已经超过了大脑的处理能力，即便是动用了地球上所有的计算机同时作业，也搞不定。这不是挺奇怪的吗？看来，步行的命令一定是相对模糊的。

从这个观点出发，东京大学的国吉康夫教授用跟人同样大小的智能机器人做了一个实验。他让机器人做出从地板上挺身而起的动作。从中他发现了人的动作里都有个“关键点”。那这个“关键点”到底是什么呢？

例如说，女性杂志里经常会有“漂亮的走路姿势”之类的专题。但里面并不是“膝盖该弯曲多少度”“脚腕需要用多少力”之类的内容，一般都会用“要稳稳当当站在地面上”之类的表达方式。心里要是想着这些，就会自觉地用脚后跟先着地，更加小心地抬脚，昂首挺胸向前走。只要注意到一点，身体重心和用力方式、行走时机等就会自动调整到一个最佳状态，形成一系列自然流畅的动作。这就是所谓的“关键点”。在行走的时候，会有该用力的瞬间、该支撑身体的瞬间。

那么，该如何运用窍门周期性地用力，也就是说该如何有节奏地用力呢？这就是探索双脚步行机制的最后一关。

没有精确的控制，身体照样可以走得很好

运用关键点站起来的机器人

下图中的机器人平躺着抬起双腿，然后落下，利用反作用力站起来。研究者反复研究人类起身的动作，发现有几个点非常重要，例如屈膝的时机等。于是他们没有对机器人施以精密的控制，仅仅只是把控好了几个关键的动作，机器人就像人一样很自然地站起来了。

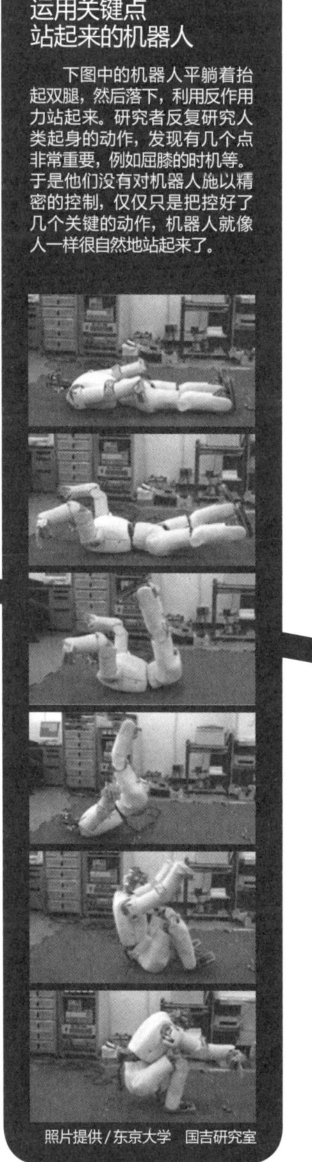

照片提供/东京大学　国吉研究室

神经元振荡子交互发出信号

到现在为止，我们已经了解到步行在很大程度上依赖于身体的构造。但是，想要做出周期性循环往复的动作，还是需要通过神经来发出指令，通过控制关键点来规律地发力。那么，神经是怎样发出规律性的命令的呢？仔细研究就会发现，神经的规律性传导也不是通过有意识的细节控制得到的，而是自动调整的结果。这到底是怎么一回事呢？

1985 年的时候，瑞典学者发现了鱼的脊髓里存在可以发射良好电波的小型组织，类似于节拍器。1998 年，科学家又证实了人体内同样存在类似组织。把这个组织模型化之后，就是“神经元振荡子”。

所谓的神经元振荡子，简单地说，是指相连的神经细胞之间相互抑制的同时，传达信号的组织机制。神经细胞有个特征，就是接收到外界一定程度的刺激和命令后，就会产生兴奋，然后将其传递给其他细胞，这种兴奋度会随着时间推移慢慢消退。一方兴奋起来后其他的就会被抑制，信号只从兴奋的一方发出来。过会儿这边的兴奋消退后，再由刚被抑制的一方发出信号。就像节拍器的指针触到边缘发出声音一样，不同的神经细胞之间就这样交互发出信号。

那信号的节奏是如何应用在步行之中的呢？答案之一就是之前提到过的互相配合的肌肉群。例如大腿上的那对肌肉，它们接收了神经发出的一个个信号，然后膝盖就有规律地伸、屈、伸、屈……随着这个节奏伸腿向前走。像这样的肌肉遍布全身，同样通过神经和肌肉的配合来产生规律性的动作。

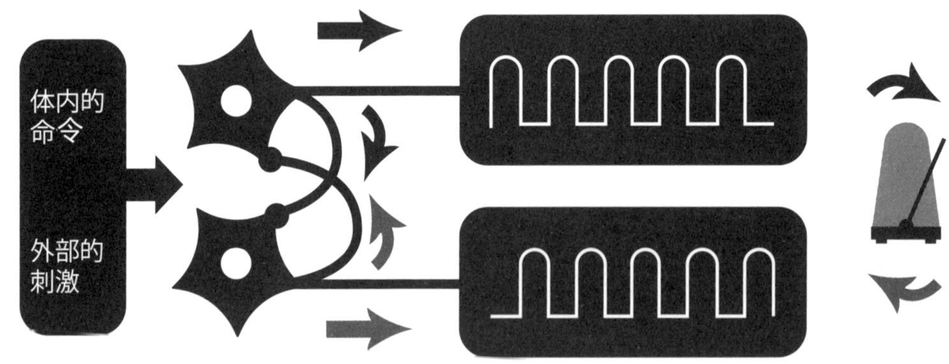

神经细胞的节拍器

因为神经细胞在接受到连续的刺激之后就会变得迟钝，所以相连的两个神经元在一方兴奋时，另一方就会沉默，交互发出信号。而且它们的顶端都有分叉，分别与其他的细胞和肌肉相连。

同一节奏的节拍器

刚开始各走各的节拍器受到了来回晃动的底板的影响，最终统一到一个节奏。

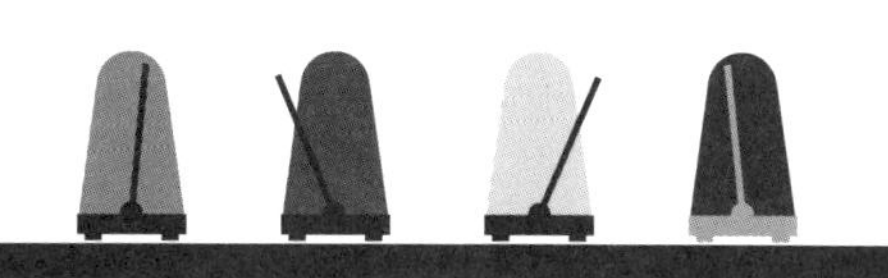

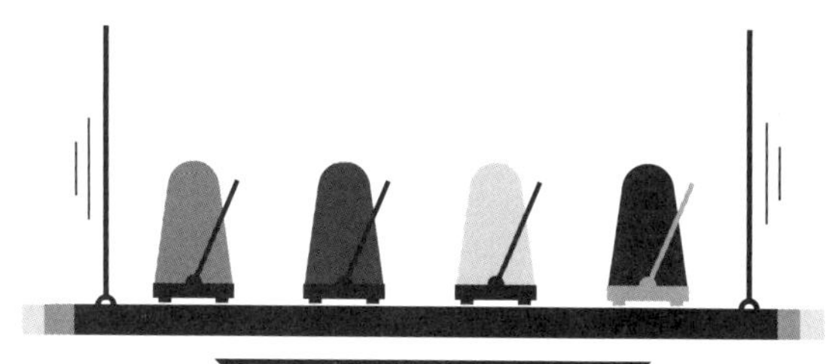

控制关键点的节奏的协调

由神经构成的节拍器里面还包含有另外一个重大的秘密。那就是能够让不同节奏的节拍器统一到一个节奏上来的“同化现象”。我们可以做一个非常简单的实验。准备数个真的节拍器，然后把它们的指针调整成各不相同的样子，然后再把它们放在一块吊板上。还请实际操作一下，或者在网上搜索相关视频。每个节拍器的指针震动的同时，都会引发吊板的共振，继而传导到其他的节拍器身上。就这样彼此的节奏通过吊板互相影响，最终变得像军队一样整齐有序，统一到一个节奏上来。

这就是同化现象，与荡秋千的力学原理接近。其实这种场景在日常生活中也能见到。例如过吊桥的时候，人们总会不自觉地就走成了一个节奏。在感觉到危险的时候，桥也会大幅度晃动。这种现象有利于维持稳定，即便是有一个节拍器突然改变了节奏，会有那么一瞬间全体的节奏都会被打乱，但很快就再次统一。

我们的身体内部有无数个由神经和肌肉组成的“节拍器”，通过它们产生各种动作的节奏。虽然各自的节奏不同，但因为彼此连接，最终还是会统一起来。

步行是身体同地面的协奏曲

不同节奏下的肌肉和关节是怎样共同完成步行动作的呢？东京大学的多贺严太郎教授用电脑模拟了人体步行时的姿态。他采用了被动步行状态下的骨骼模型，程序中并没有对步行做精细的控制，而是只限定了各个部位的节奏。例如伸展和缩回、紧张和放松、哪边在何时应该弯曲等。就以这样宽松的连接状态，投放在数字空间中。

结果令人震惊。最初混乱的节奏很快就稳定下来。肌肉和关节的动作、地面的反作用力等都顺畅地运行，最终都归到了一个节奏上。在没有人设定程序的情况下，模拟出来的人类走起来非常自如。即便是遇到障碍物，在稍作调整后还能恢复正常的节奏继续行走。上坡时步幅变小，下坡时步子迈大。而且在调快所有节拍器的基本频率之后，脚步会明显加快，展示出了跑的动作。

步行并不需要精细的控制，它的原理本来就是很粗糙很简单的。当然，像是躲避障碍物、根据时间情况改变频率等还是需要大脑的高级调配。但总体来说，还是不需要等待大脑下命令的，都是根据身体内部的节奏自发调整的结果。人类就是根据腿部的骨骼、肌肉、神经以及和所在的地面环境等各个因素共同协调出来的节奏，完成步行的。

节奏产生动作

刚出生不久的婴儿，在仰面躺着时，手脚偶尔会来回动。这种动作毫无章法，乍看之下毫无节奏可言。但是，人体内的神经并不是节拍器那样单纯的机械活动，而是富于节奏变化，也能做出来乱七八糟的动作。婴儿通过翻身、爬行、扶着东西站起来直至双脚步行等一系列动作，不停地锻炼着自己的协调能力。并不是由于本能作用才导致他们在不同的时期能发现自己的骨骼和肌肉可以做到的动作，而是通过毫无章法的节奏试探出了与周围环境相协调的动作方式。

也就是说，婴儿其实并不是一张白纸，而是从“乱七八糟的动作”中筛选出了“可以使用的动作”。是否双脚步行是区别人类和猴子的特征之一，我们在探究双脚步行机制的同时，也在逐渐接近人类智能发达的秘密。

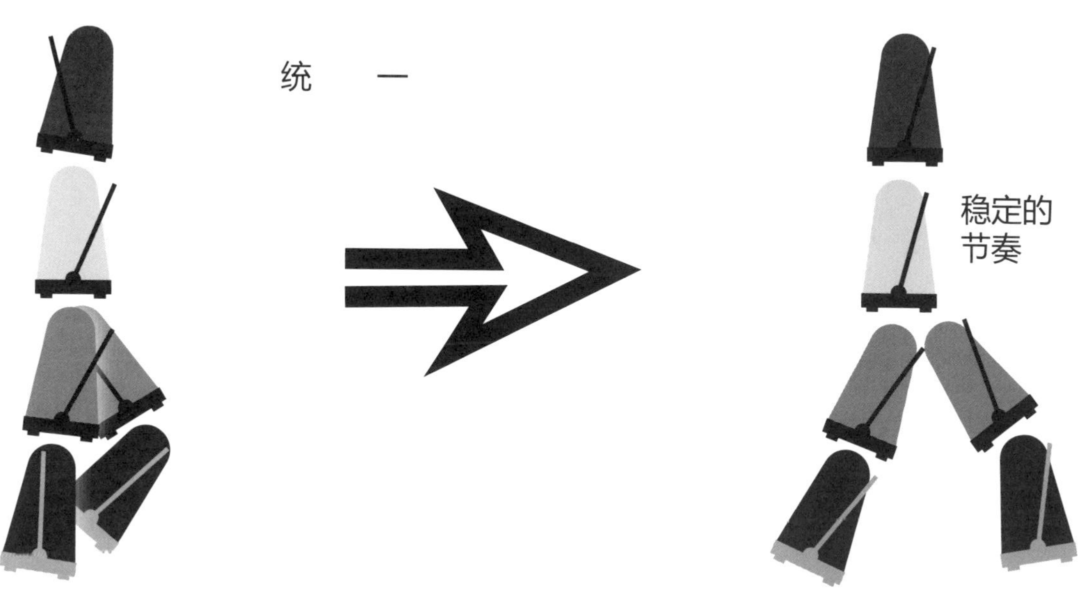

人们按照自发产生的节奏行走

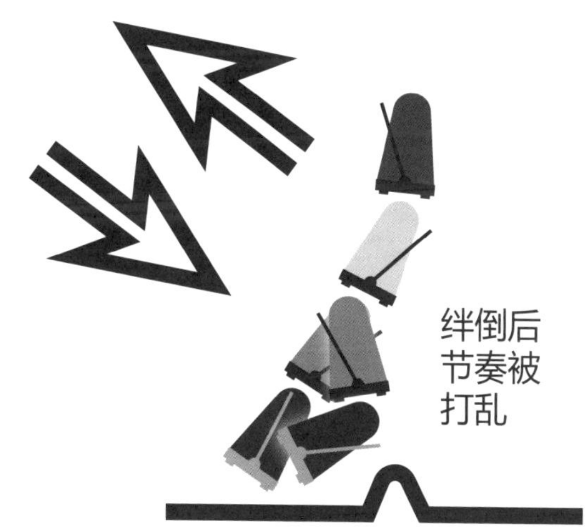

【参考文献】
《机器人为什么看起来像生物（BLUE BACKS）》铃森康一（著）讲谈社
《直立步行 通向进化的钥匙》Craig B. Stanford（著）青土社
《灵巧与进化》Nicholai A.bernstein （著）金子书房
《机器人智慧（岩波讲座机器人学）》浅田稔 国吉康夫（著）岩波书店
《脑与身体的动态构造（身体与系统）》多贺严太郎（著）金子书房
《节奏现象的世界（非线形非平衡现象的数理①）》藏本由纪（编）东京大学出版会

最新研究报告

走路姿势的科学

在机器人都能用双脚步行的现在，人类的行走方法是不是正确呢？
事实是，如果走路方法不对，很容易造成颈肩和腰部的损伤。
那什么才是科学的、正确的走路姿势呢？

监修/仙台大学体育系教授 宫西智久
撰文/中川悠纪子 插图/Tanaka Japan
CG协助/Gsport株式会社

对身体不利的走姿

01

弯腰、屈膝、驼背、匆匆忙忙地走。如果持续这种姿势的话，会造成颈椎和肩膀疼痛，易疲劳。

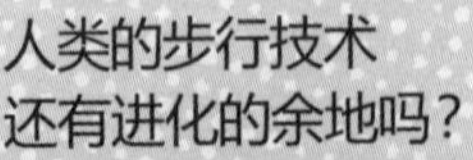

人类的步行技术还有进化的余地吗？

提起人类是何时开始直立双脚行走的，有一个普遍的说法是在数百万年以前，因为气候变化，在非洲居住的猿人从森林里走出，来到了视野开阔的草原地区，然后分散到各个角落。

440万年以前在树上生活的埃塞俄比亚拉米达猿人，下到地面后就是用双脚步行的。这个可以从他们的骨骼化石中得知。而且，生活在距今320万年以前的、世界知名的阿尔法种猿人“露西”，因其拥有足弓，便可推测那时他们已经在地上行走了。由此可见，人类在进化的过程中在不断地磨炼直立行走的技术。

2012年3月，京都大学灵长类研究所的松泽哲郎教授的课题组研究得出，因为人类的祖先希望能够用双手搬运更多的食物，所以才逐渐演变

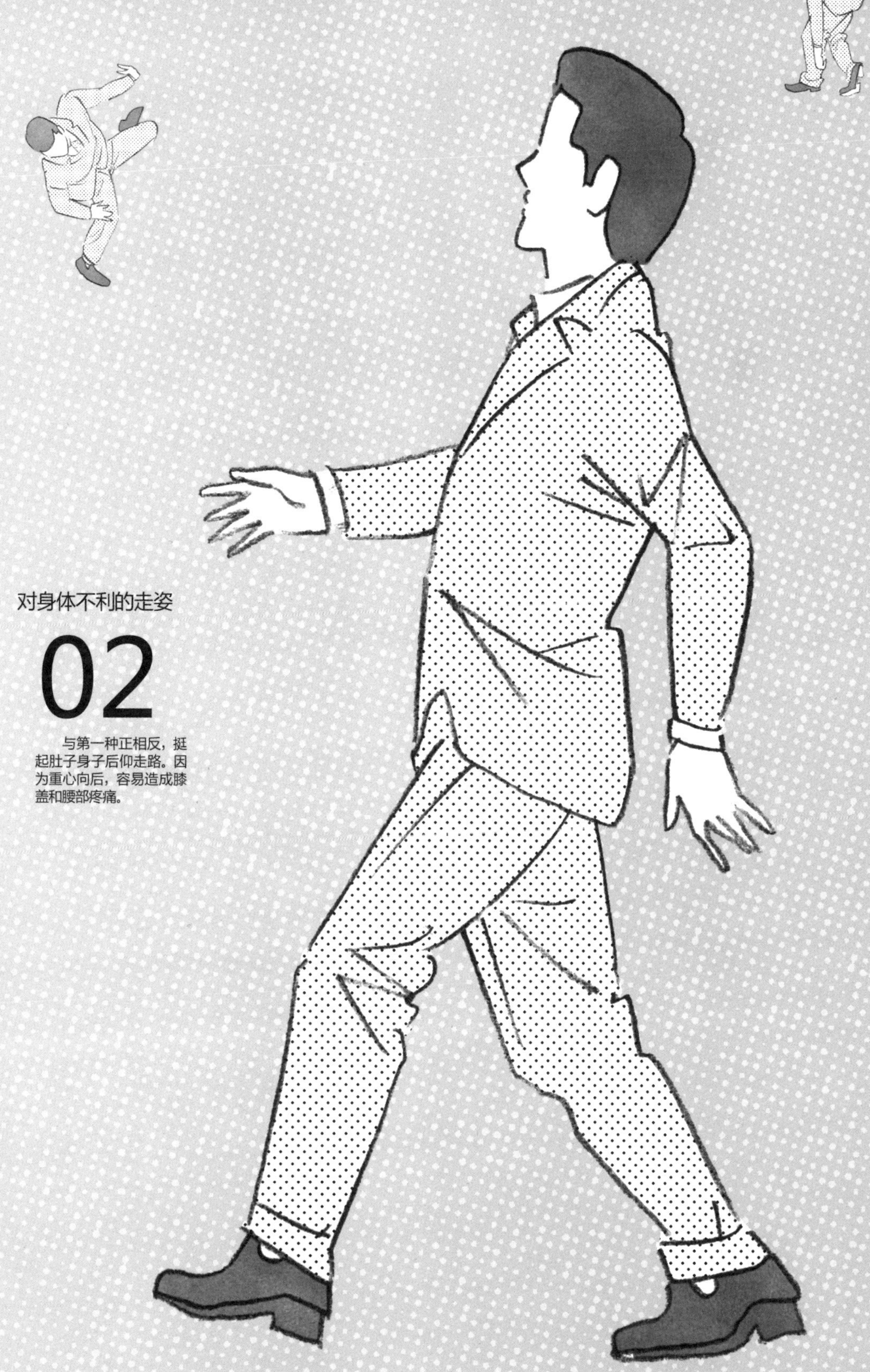

对身体不利的走姿

02

与第一种正相反，挺起肚子身子后仰走路。因为重心向后，容易造成膝盖和腰部疼痛。

为双脚行走。

因为生活需要，所以直立两脚行走成为了人类的基本形态，因此，人体发生了整体性的结构变化。不同于类人猿，人类的重心线与髋关节和膝关节重合，骨盆扩大成碗状用于支撑内脏。因为可以支撑起沉重的头部，所以脑容量大幅上升。如果人类没有学会双脚步行的话，可能现在还和类人猿一样。

直立双脚行走虽然解放了双手，让人获得了更高的智能，但同时也给我们带来了新的麻烦。像是痔疮、扁平足、腰痛、膝盖不适、疝气，等等，这些毛病在人类以外的动物身上基本见不到。虽然双手因为站起来而获得了自由，但是脚、腰和内脏却因为重力增加了负担，人类因此饱受这些部位伤病的困扰。

肩酸和腰痛是直立行走所带来的无法避免的副产品吗？“人类的步行技术，还处在进化的过程中。”

对身体不利的走姿

03

身体左摇右摆，晃着走，这种姿势对关节施加了多余的力，不仅效率低下，而且会造成关节疼痛，易疲劳。

人体生物力学的研究专家、仙台大学的宫西智久先生这样解释道，“如果使用给身体带来大量负担、效率低下的走路方法，就会给脚和腰增加负荷，造成肩膀酸痛疲劳，加剧腰痛。事实上，日本人传统的走路姿势给身体造成了很大负担。而这还作为一种文化传承了下去。”

试试在街边的橱窗里观察一下自己的走路姿势吧。是不是有点含胸驼背匆匆忙忙？或者是挺胸凸肚，大步朝天？大多数的日本人都是沿袭古来特有的走路姿势。从科学的角度来说，这种姿态是给身体带来负担的、效率低下的步行方法。

对身体不利的走姿

04

不使用腹肌的力量，光靠挺直脊梁，用上半身的力量前进。多见于年轻女性。乍一看英姿飒爽，其实非常容易疲劳，还不利于后背的血液循环。

人的步行能力在20岁以后开始下降

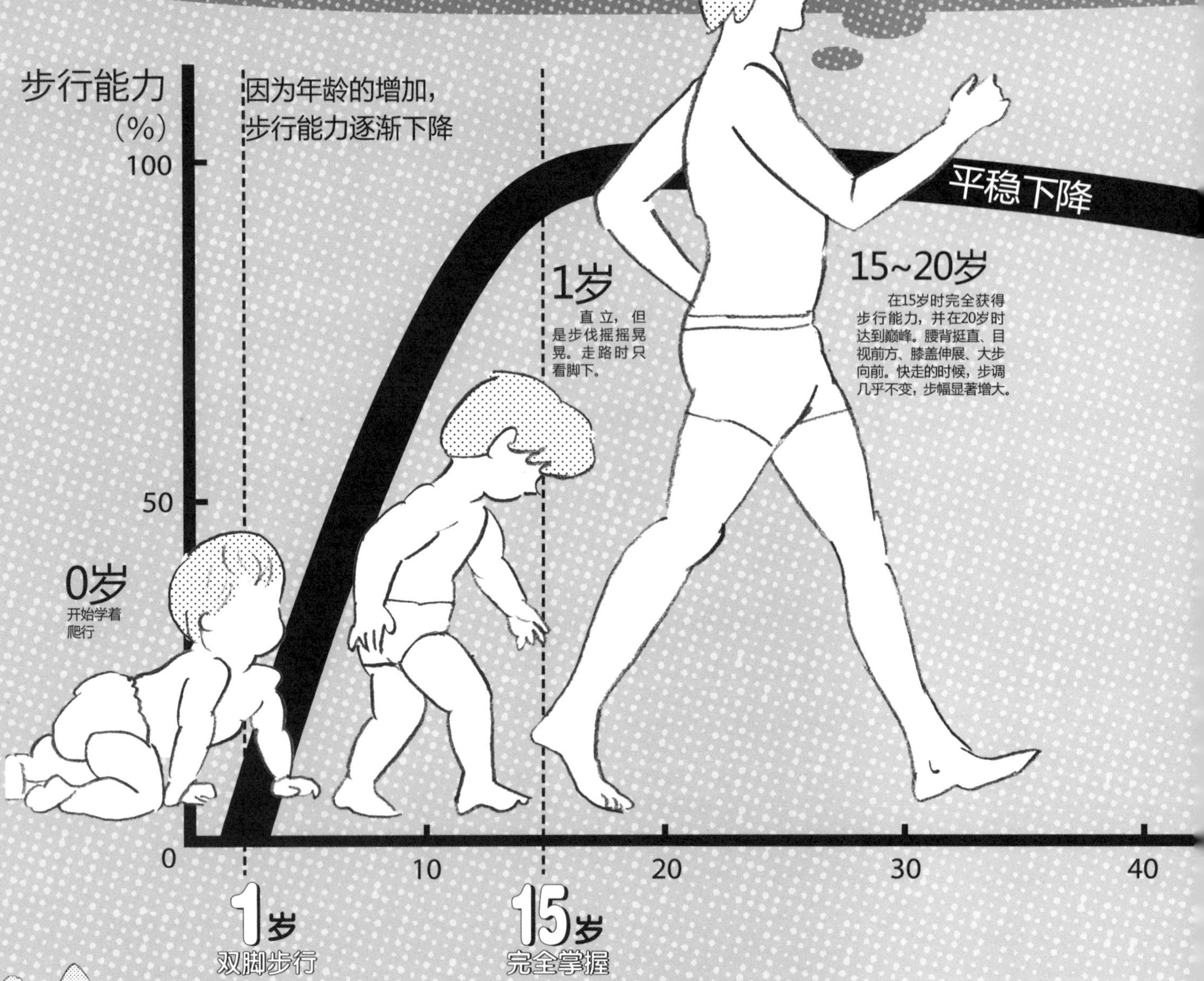

步行能力（%）

100

50

0

10 20 30 40

因为年龄的增加，步行能力逐渐下降

平稳下降

0岁
开始学着爬行

1岁
直立，但是步伐摇摇晃晃。走路时只看脚下。

15~20岁
在15岁时完全获得步行能力，并在20岁时达到巅峰。腰背挺直、目视前方、膝盖伸展、大步向前。快走的时候，步调几乎不变，步幅显著增大。

1岁 双脚步行

15岁 完全掌握

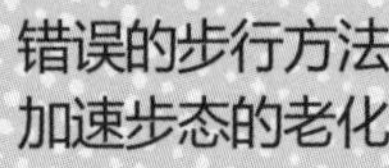

错误的步行方法加速步态的老化

刚才介绍了通过橱窗里的身影确认走路姿态的方法，要想更深入地了解，就需要借助摄像来分析自己走路的习惯，或者是跟着走姿正确的人学习。

走路的习惯不仅取决于每个人的体型和个性，甚至还与这个人的年龄有关。

1岁时开始直立行走，15岁时完全掌握步行能力，20岁迎来巅峰后，每个人的步行能力就会慢慢走下坡路。高龄者的走路姿态与年轻人有显著的不同。

例如，脚向后踢的力气明显减弱，步幅变小。膝盖弯曲，双腿几乎不怎么分开，脚摆动的时间变短，小碎步前进。

“简单地说，年轻人是大脚咚咚，老年人是小步窣窣。有意思的是，上年纪的人走路都看脚，擦着地走，反而是回到了幼儿时代走路的方式 。”宫西先生说。

这种跟年龄相关的步行特征，与人体力学有着很深的关系。如果结合初高中时学习的钟摆实验，会更容易理解步行时力学上能量的变化。在走路的过程中，双脚都在地面上时重心最低，单脚支地时重心最高。然后，重心最高时获得的重力势能转换成动能，用力蹬向地面。接着脚再次上扬，像钟摆一样重复这个动作。这同过山车的道理一样，选择的制高点越高，重力势能就越大，就能够更好地利用这一能量转换成动能，效率更高地移动。

因此，年龄大的人因为肌肉的衰老，背越来越驼，脚就不能够抬高，重心的高低差就明显不如年轻人。

高低差越小，所能利用的重力势能就越少，转换出来的动能就更少，所以步行的效率就变低。

精神的高龄者

迅速低下

没精神的高龄者

中老年

慢慢开始驼背，膝盖弯曲，走路的时候几乎不抬脚。视线逐渐朝下。

老年期

为了追求稳定性，走路不抬脚而是擦着地面走。快走的时候，在步幅很小的情况下加快步行频率。脊椎弯曲，视线回到脚面上。

50　60　70　80（岁）

62岁
步行能力退化

机器人ASIMO走路像老爷爷的原因

话说回来，老年人之所以那么走路，是有生物学上的理由的。脚抬得不高，是为了缩短“金鸡独立”的时间。岁数大的人因为身体机能的衰弱，不容易保持好平衡。单脚站立的时间越短，摔倒的可能性就越低。

虽然说本田研制出了世界上首个仿人的双脚步行机器人 ASIMO，但是见过它走路的人都会产生疑惑：怎么走起来像个老爷爷？因为机器人的步行技术也是在逐渐完善的过程中，AISIMO 也是为了避免因脚抬得高而失去平衡感，才选择了和人类老爷爷一样擦地走路这种方式 。

但是这并不意味着老年人走路效率低是上岁数造成的，就可放置不管。宫西先生认为，虽然因为年老造成的步态变化不可避免，但是步行效率下降的曲线，却是因人而异。一个人走路的习惯决定了他以后的步行能力是急剧降低还是缓慢变差。换句话说，坚持正确走姿的人可以减缓自己步行的老化速度，倘若不纠正自己的错误姿势，反而会加速老化的进程。如果老了之后任由自己弯腰驼背地走，会让这种情况更加恶化，最终可能导致自己的行走能力比同龄的人更差。

使用正确的走路方法，同时勤加锻炼身体和大脑！

日本人直到现在还是用效率低下的"膝盖走路"方式
那么生物力学研究出来的能让身心都精神的走路方式是……

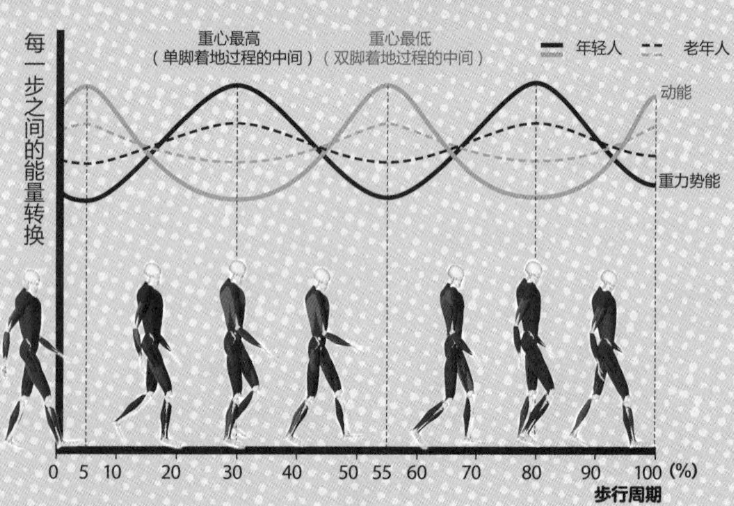

步行中能量的转换
理想的走路方式就是：单足着地时的身体重心最高，重力势能最大；双脚着地时重心最低，动能最大。如果能利用好这个能量转换，走路就会很轻松。老年人走路时因为重心的高低差很小，所以可利用的能量就少。

日本人传统的用膝盖走路

我们再复习一下老年人的走姿特征：弯腰、几乎不抬脚、膝盖弯曲、擦着地小步走。从力学角度来看，这是能量转化效率低的表现。

但是这种膝盖弯曲擦着地走的姿势，也就是所谓的"膝盖走路"，在日本人当中非常常见，无论老幼。与此相对，像走秀的模特那般以腰部为支点伸直膝盖大步走的"用腰走路"的姿势，多见于欧美人。

其实日本人用膝盖走路的传统，是有其历史和文化原因的。日本人自古以来就是居住在和室之中，以身体微倾和弯曲膝盖的姿势为美。而且在山地居多的日本，穿着木屐和草鞋的人采用这一姿势才不容易在坡路上滑倒。

这种必然产生的、历史悠久的生活习惯直到现在还在影响着日本人的走路姿势。但是，从力学和健康的角度考虑，应该重新审视这一不良习惯了。

应该推荐什么样的走路姿势？

为什么走路前倾的姿势对身体不好，可以从力学的角度解释一下。例如像上图所示，弓起身子，重心线就会明显前移。这让偏离重心线的关节产生一个向前的力，导致身体前倾。为了保持平衡，肌肉就要勉强使出反方向的力来与之抗衡。这就造成多余的体力流失，容易疲劳。如果坚持错误的走姿，不管走多少路，都对身体没有好处。"错误的姿势不仅浪费体力，还走不快。样子难看不说，走的人也不快活。因此很有必要用正确的走路技巧来弥补因年龄的增加而变差的姿势。"宫西先生说。

这里宫西先生教给了我们基于生物力学研究得出的正确的走路方法。

用正确的姿势行走的话

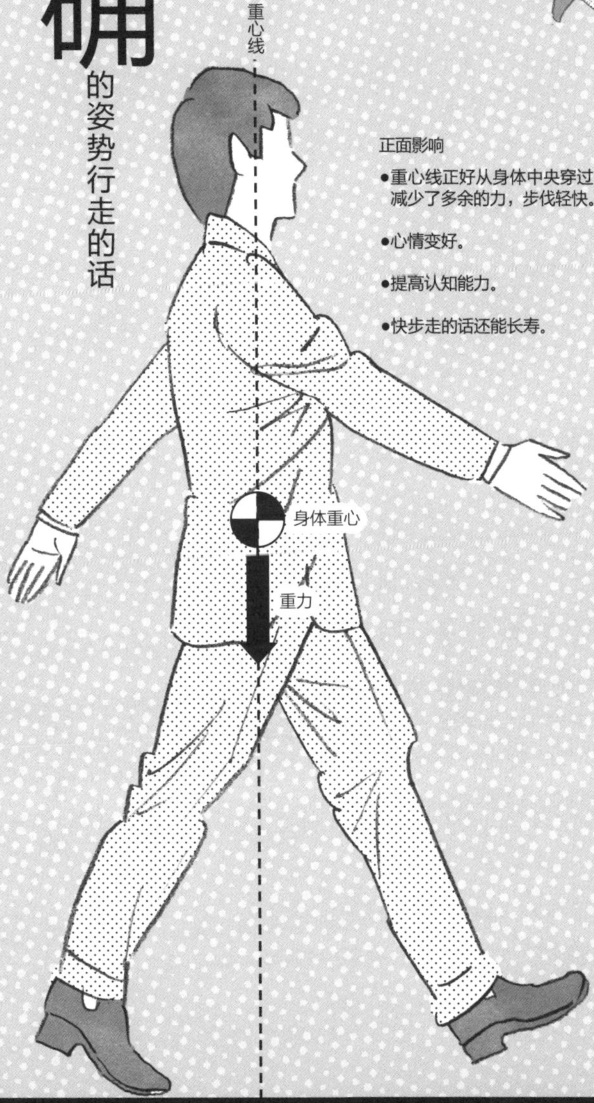

重心线

正面影响

- 重心线正好从身体中央穿过，减少了多余的力，步伐轻快。
- 心情变好。
- 提高认知能力。
- 快步走的话还能长寿。

身体重心

重力

【正确的走路方法】

1. 抬头直视前方（20~30 米处）。
2. 挺胸，直起腰杆（重心线在身体正中间）。
3. 膝盖自然伸直不弯曲，以肩为轴大幅度摆动手臂。
4. 挺直腿，脚尖向上。
5. 脚跟先着地。
6. 后脚用力蹬地，用腰部的力量大步走（每一步的长度大概相当于身高的40%~50%）。
7. 最后，放松身体，以比平时稍快的速度行走（速度为每分钟 70~85 米）。

后仰

身体行走的话

负面影响：

- 重心线明显后移，在关节上施加了多余的力，使人更易疲劳。
- 容易摔倒。
- 给膝盖和腰增加了多余的负担，会造成脚部和腰部的疼痛，容易闪到腰。
- 易造成脊柱变形。

伊利诺伊大学的认知神经学家的研究表明，坚持步行锻炼的老年人其认知能力测试的结果比同龄人高。匹兹堡大学的研究也认为，走路越快的老年人越长寿。由此可见，符合生物力学原理的正确的走路方式，有利于保持身心健康。

风力双脚机器人的组装方法

需要自备的东西：

螺丝刀、剪刀、剪钳、工具刀

固定螺丝时请注意

上螺丝时请将螺丝刀垂直立于螺丝头部向下用力。一般下压用七成力，转动用三成力。因为附件机器人身上所使用的螺丝孔都是塑料制成的，所以上螺丝时请不要用力过大，以免弄坏螺丝孔。本品适用于直径在4毫米以内的螺丝刀。

⚠ 注　意　组装附件机器人前必读

- 取用尖锐物品时请小心，恐有划伤的危险。
- 内含螺丝等细小物品，请注意不要吞下，会有窒息的危险。
- 请将本品置于小孩无法触及的地方。

※ 请仔细阅读使用方法和注意事项后再使用本品。
※ 安全起见，请遵守说明书中的使用方法。零件若有破损、变形等情况，请勿使用。

● 本品所用材料

曲轴、擒纵块、调节腿长的零件、脚（浅褐色）：PC
其他机体零部件：POM　　塑料管（无色）：PE　　扇叶（白色）：PET
传动轴、金属球、螺母、螺丝：铁　　硅胶带：硅胶　海绵：聚氨酯橡胶
※ 废旧材料还请按照各地区的规定处理。

组装大概用时：
60 分钟

所含零部件

※请把包装盒中的零件像下图照片所示的那样拆下来放好。有些零件貌似相同，其实在突起和外形上还是有差别的，请不要弄混。

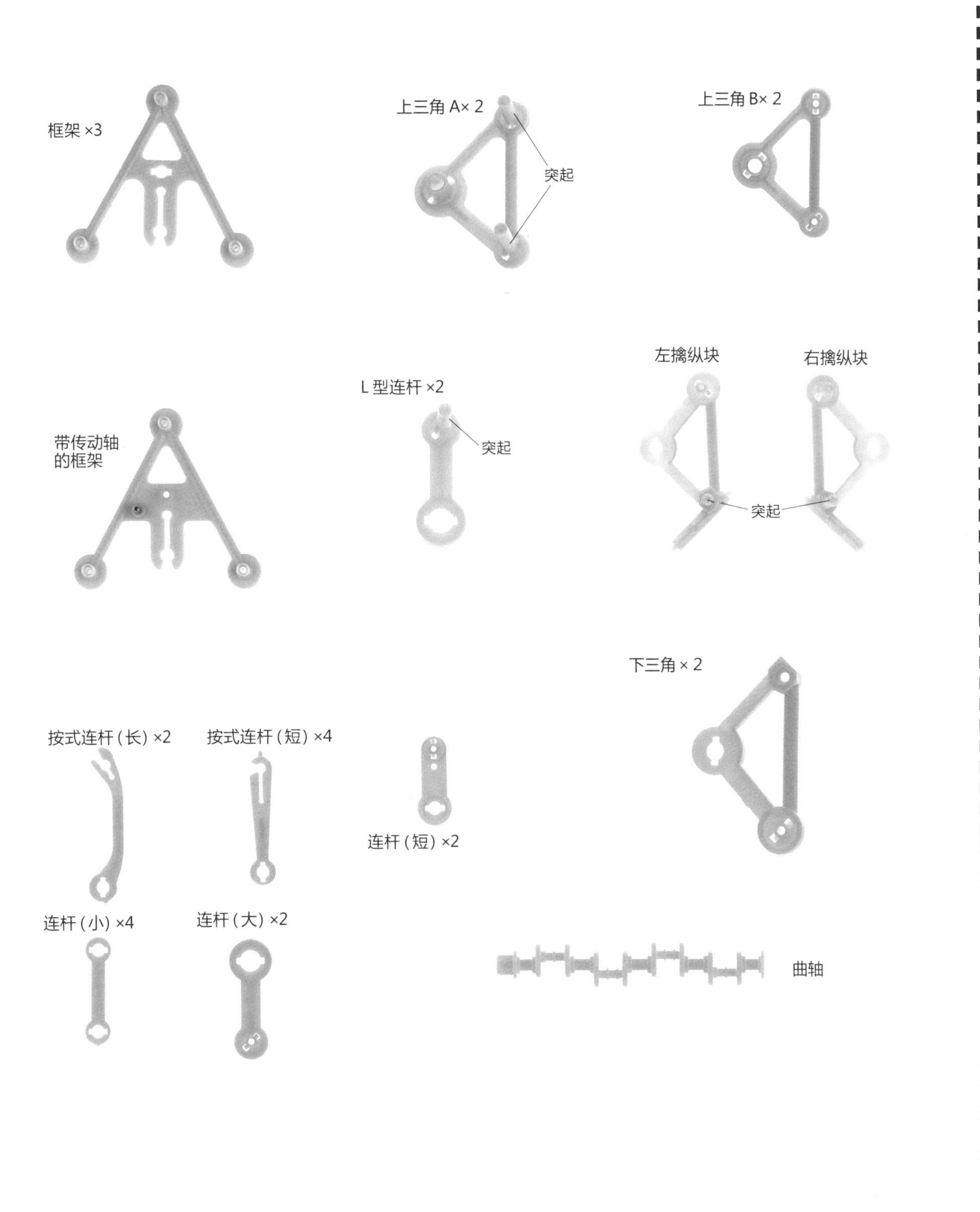

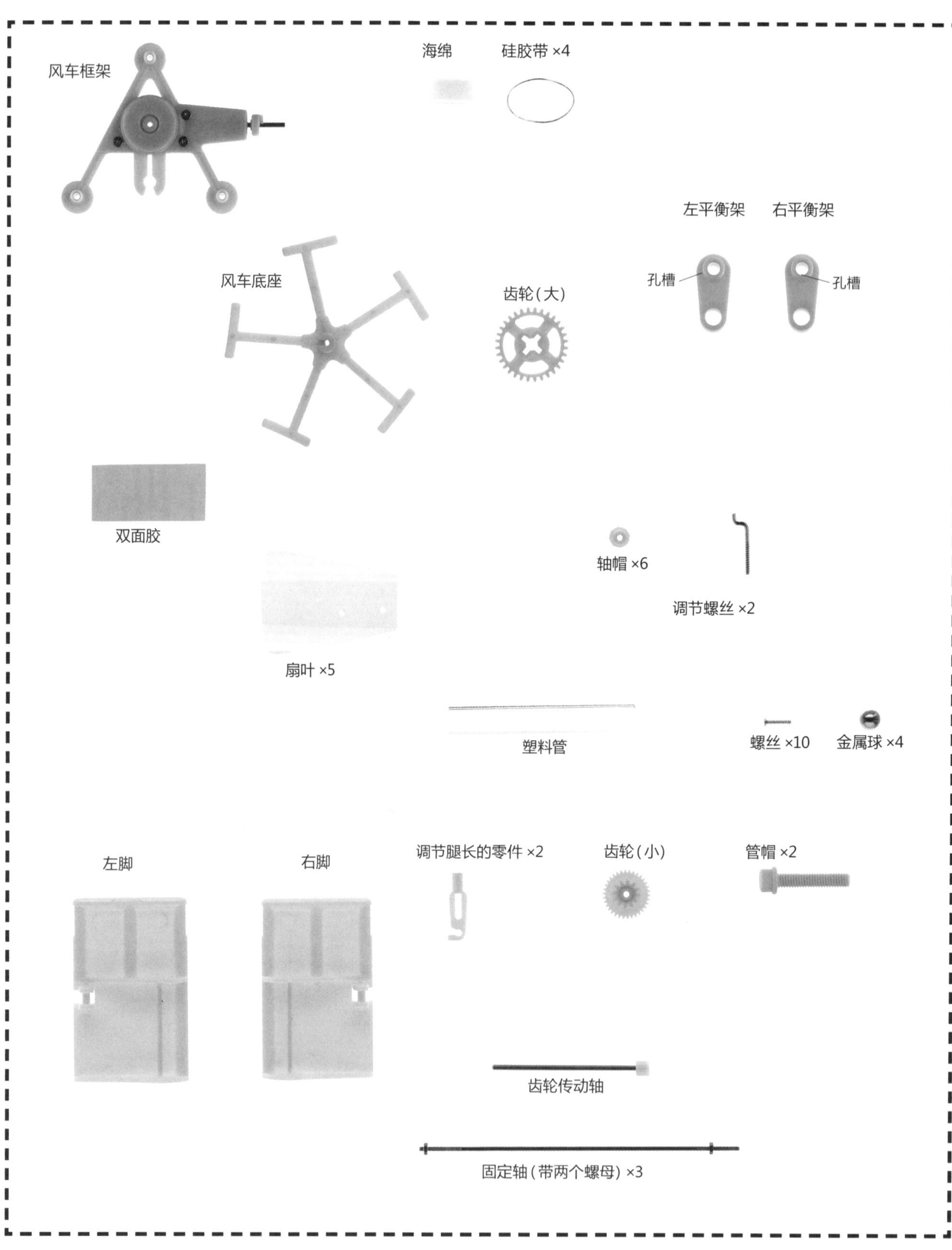

一起来组装风力双脚机器人吧

先组装左腿

1 把框架插在上三角A的孔中。

注意方向!

框架

突起

上三角 A（有突起）

把有接头的地方
朝向自己

突起

2 把连杆（大）装在框架上，把连杆（小）接在上三角 A 上面。

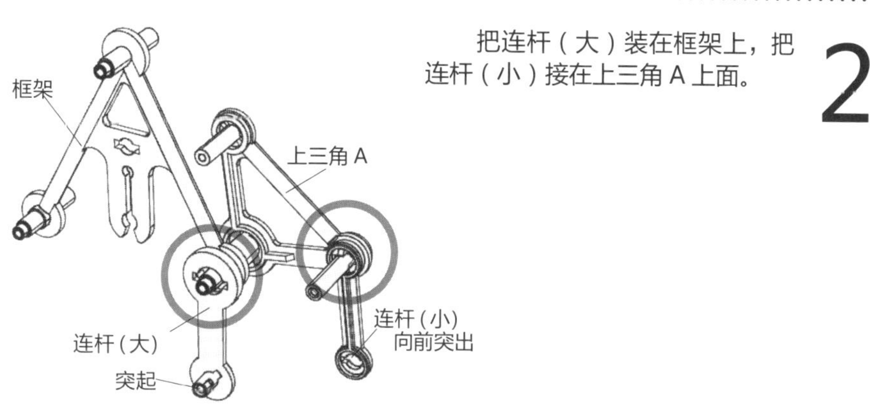

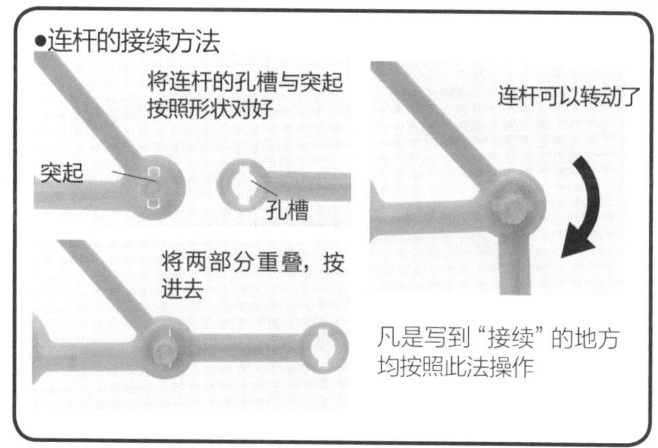

3 加入上三角B，在两个地方上螺丝，把连杆（大）和上三角B接续起来。

从反方向观察右图

上三角 B

连杆（大）

把连杆（大）接续在上三角 B 的内侧。

请不要用力按压螺丝。轻轻旋转至不能转动即可。

螺丝

上三角 B

连杆（大）

螺丝

4

将装置反过来，在上三角A的外侧，接续上L型连杆。

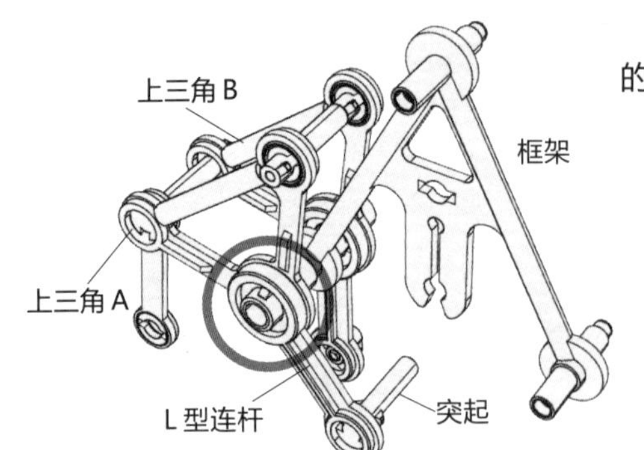

5

将连杆（小）接续在左擒纵块上。

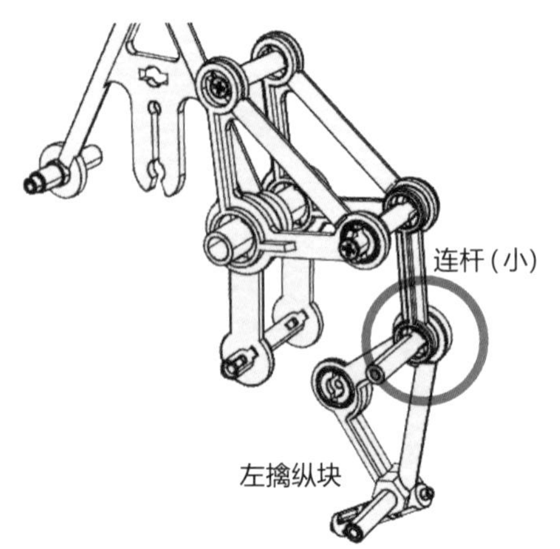

6

扭动左擒纵块，将其接续在L型连杆的突起中。

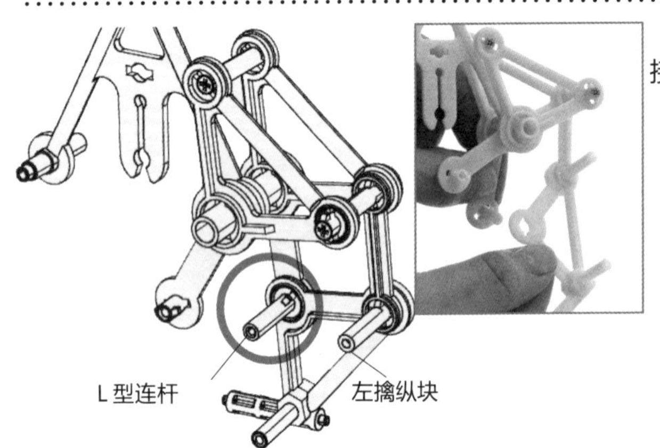

7

在左擒纵块上接续按式连杆（长），在上三角 B 上接续连杆（小）。

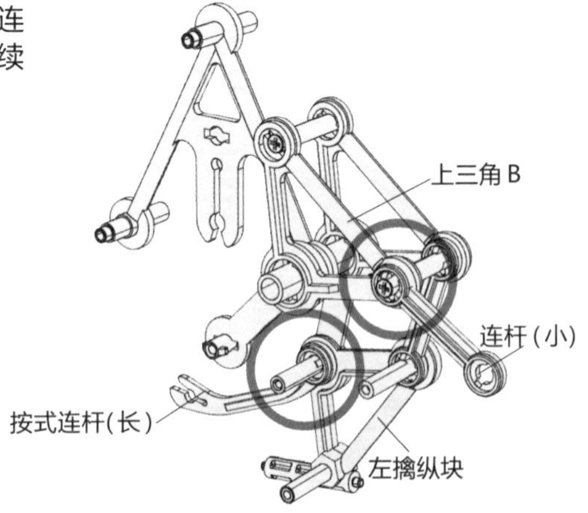

8 在连杆（小）上接续下三角。

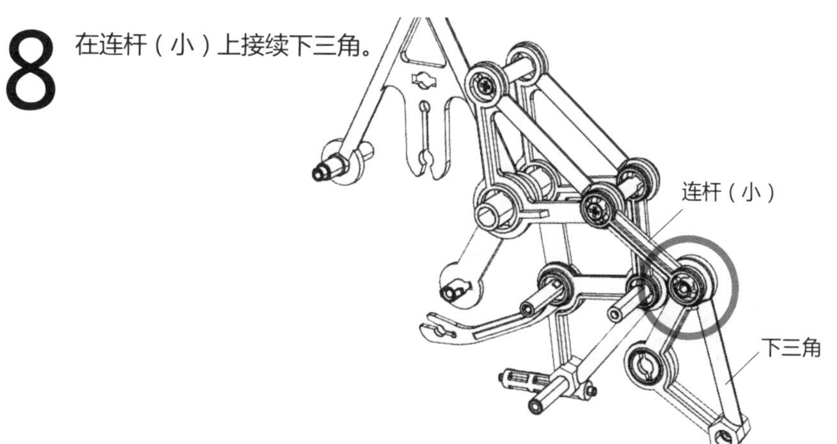

9 在下三角上接续连杆（大）。

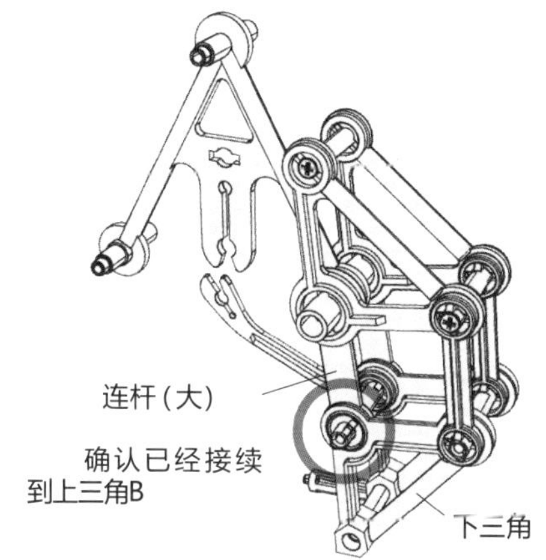

10 在下三角的外侧接续连杆（短），在有箭头的三个地方安上螺丝。

连杆(短)

请不要用力按压螺丝。轻轻旋转至不能转动即可。

下三角

完成左腿

如照片所示，还请确认5处的螺丝是否上好，连杆是否都顺利连接。有部分“接续”的地方还未完工，请确认不要脱落。

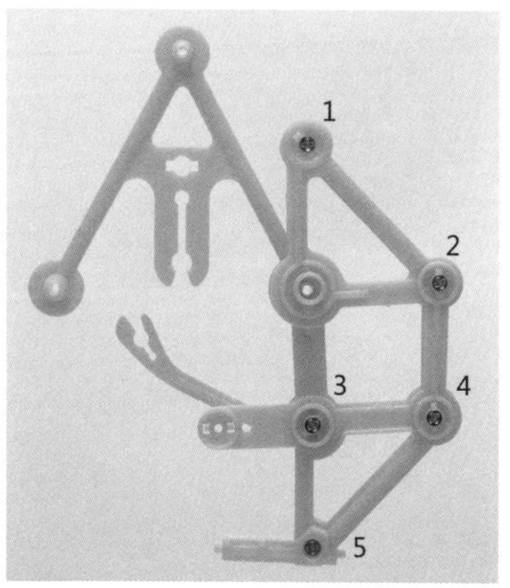

接着组装右腿

1 连接上三角 A 和框架，将按式连杆（短）接在上部的突起上。在另一个突起上接续连杆（小）。

将连杆（大）接续在上三角 B 的内侧，与上三角 A 重合，在有箭头的两个地方上螺丝。 2

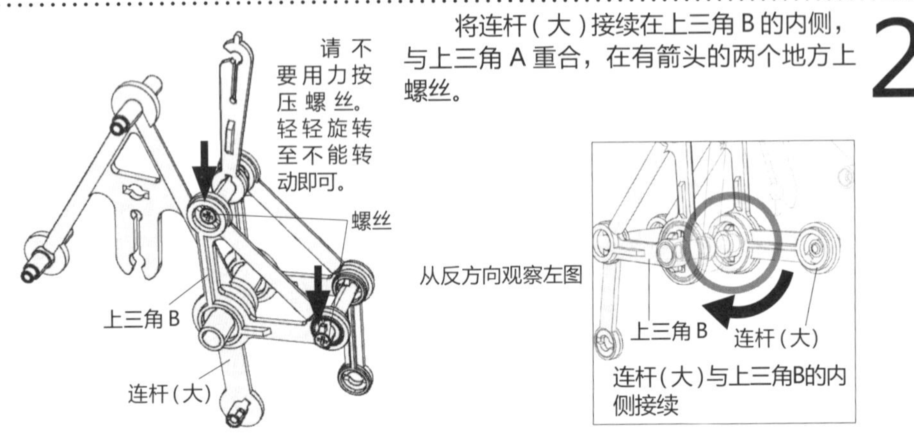

3 上三角 A 的外侧接续 L 型连杆，把连杆（小）跟下三角连在一起。将下三角稍稍弯曲，跟 L 型连杆接续在一起。

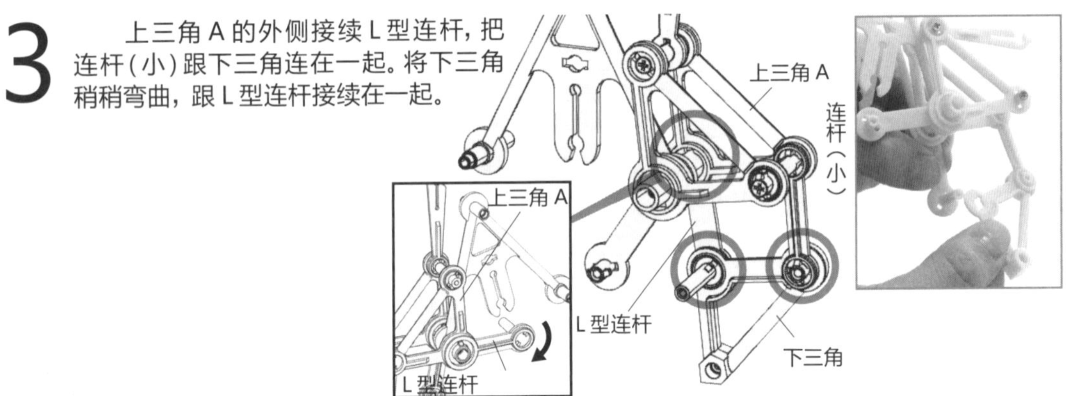

在 L 型连杆的突起处接续上连杆（短）。 4

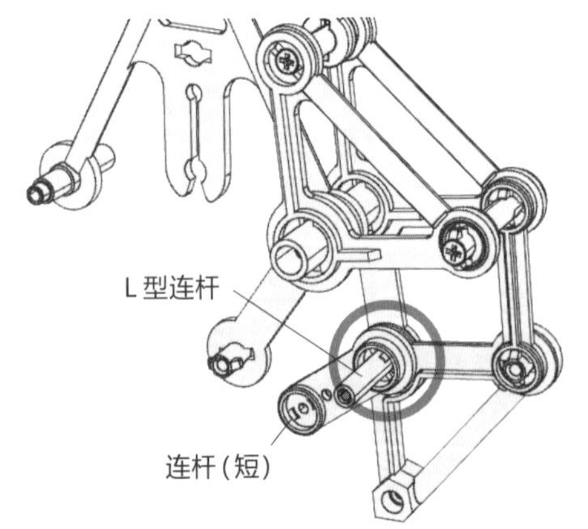

5 在上三角 B 的外侧接续连杆（小）。

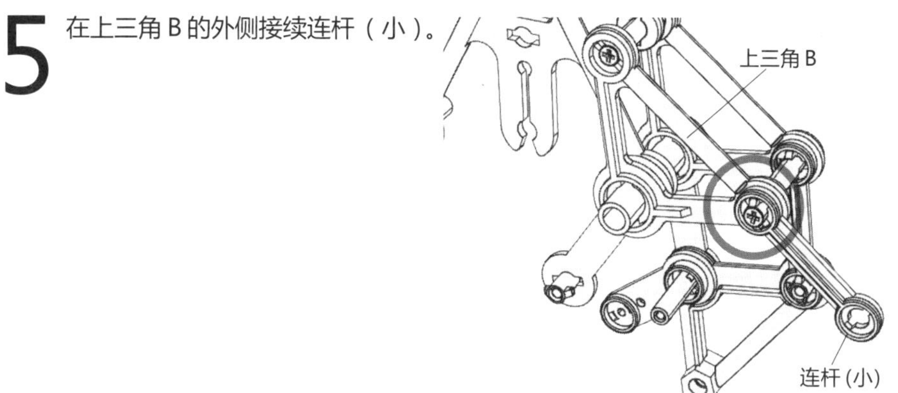

---

6 连杆（小）接续右擒纵块。

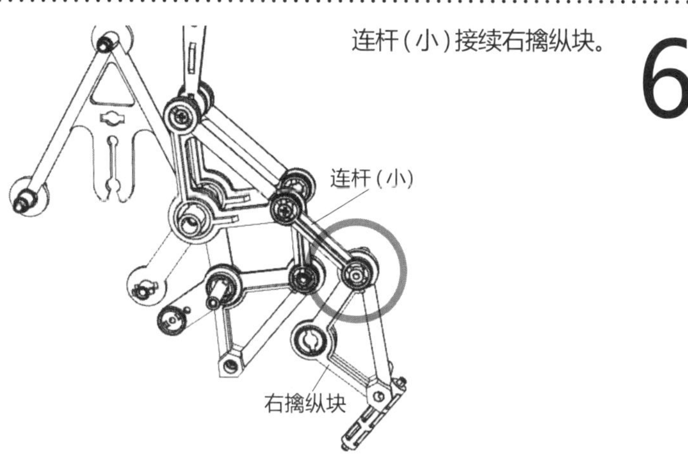

---

7 连杆（大）与右擒纵块接续，在箭头处上螺丝。

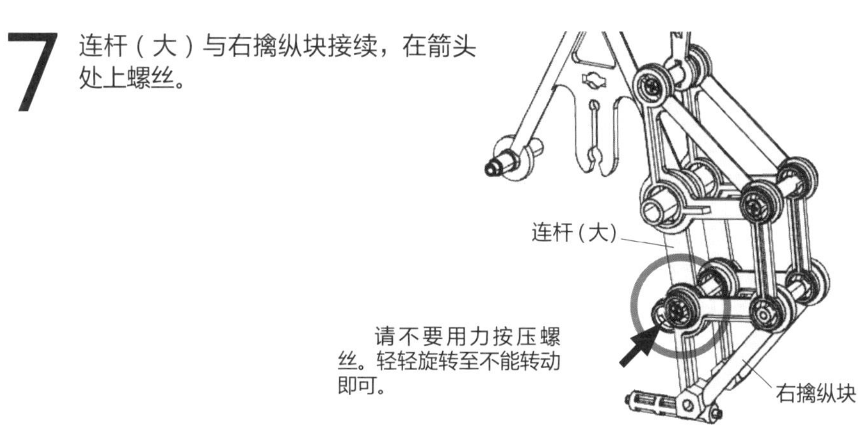

请不要用力按压螺丝。轻轻旋转至不能转动即可。

---

8 反过来在箭头所示的两处上螺丝。上面的按式连杆（短）接续在上三角B处。完成右腿！

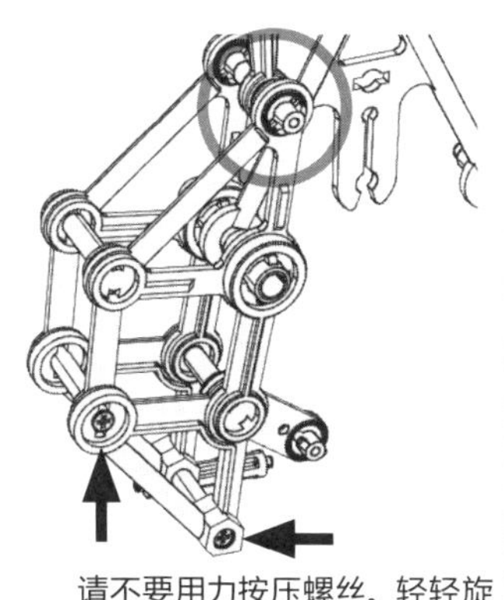

请不要用力按压螺丝。轻轻旋转至不能转动即可。

与组装左腿时相同，确认螺丝和连杆的接续是否正常。

组装躯干

1 将框架、左腿、右腿、带传动轴的框架和风车框架组装在一起。如下图所示排成一排，把这几个框架连接起来。

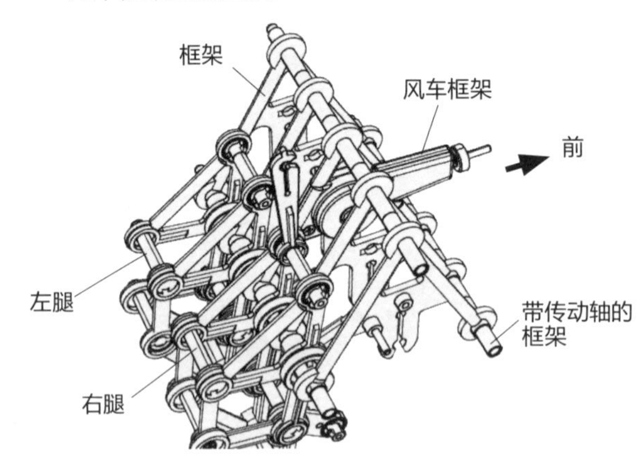

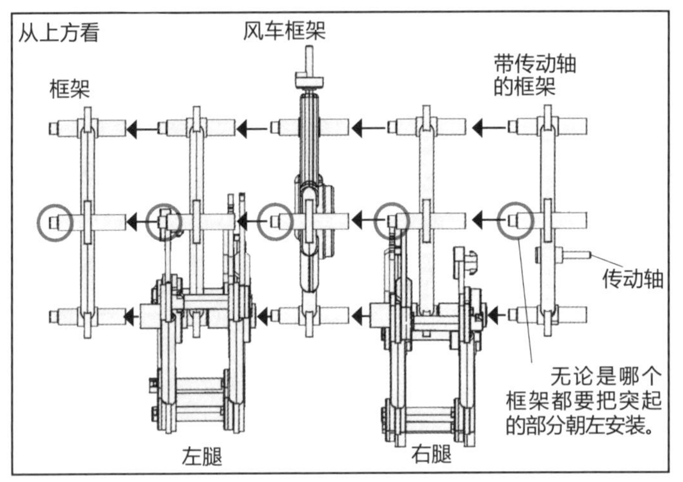

2 将固定轴穿过框架，用轴帽和螺母将全体固定住。后面塞入平衡架。

轴的两端一开始都安装有螺母。安装时需要取下一边的螺母，将轴从框架中间穿过去。另一侧要按照轴帽、螺母的顺序安装在轴上，再上紧螺母。

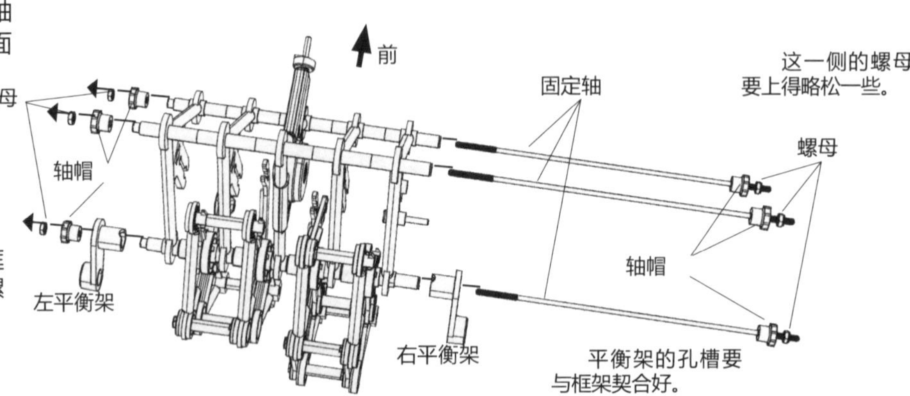

3

在框架下部嵌入曲轴。把有十字突起的那一侧放在有传动轴的框架一侧，稍用力按进去，直到听到咔嚓一声。

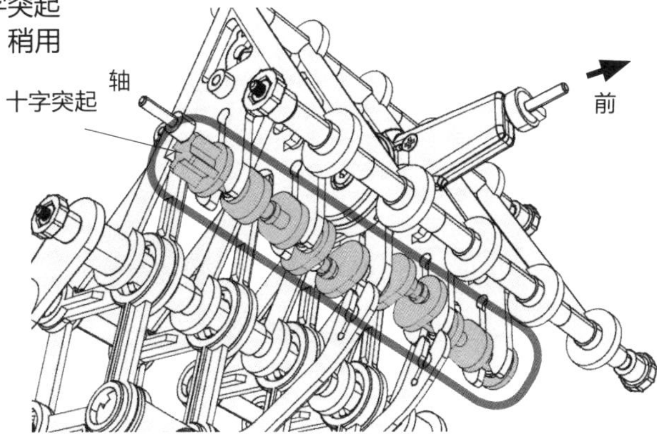

如图所示，将三枚短的按式连杆和一枚长的按式连杆都接续在曲轴上。也就是说，现在上面有两个按式连杆，下面有四个。请不要搞错它们的位置。

上方

按式连杆（短）

□方框中的按式连杆是这次新加上去的。

按式连杆（短）

曲轴

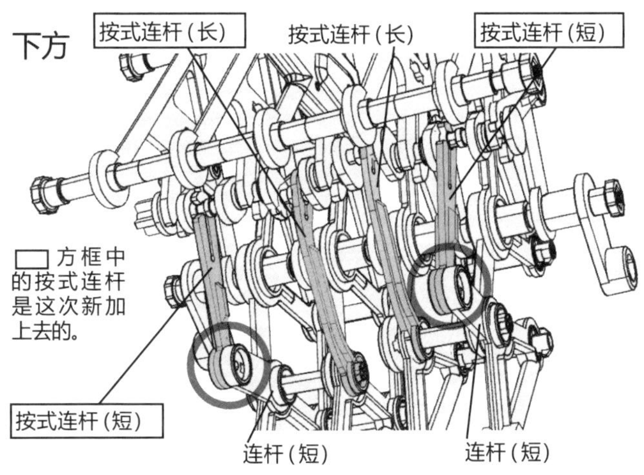

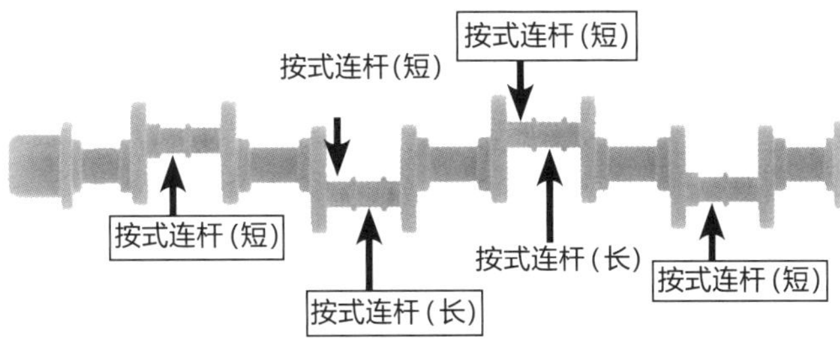

5

把齿轮传动轴分别接在带传动轴的框架和风车框架上。因为轴本身就是六角形的，正好与框架上的六角形洞口吻合。框架和齿轮之间留下1毫米的空隙，让其可以轻轻转动。

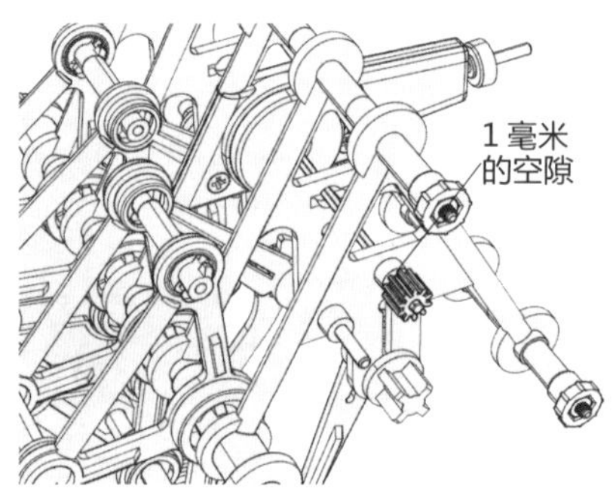

齿轮传动轴会在风车框架那头多出一点点，请不要用手指强行塞回去。

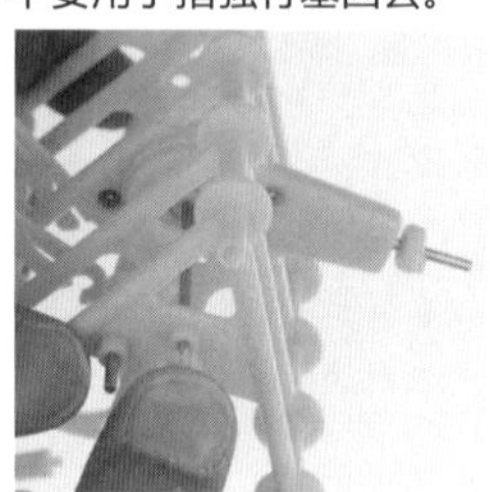

6

将齿轮（小）插入带传动轴的框架的轴上，然后把齿轮（大）安装在曲轴的十字形突起上。

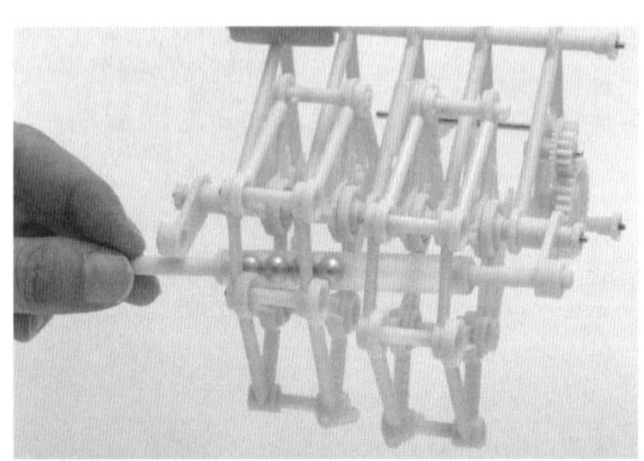

7

在塑料管中装入金属球，再用管帽封口。一个平衡器就完成了。

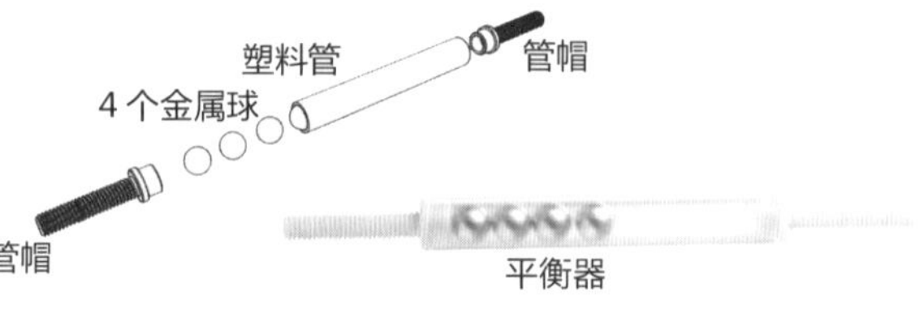

将平衡器如照片中所示的那样从腿中间穿过去，先挂在右平衡架上，固定好后再把左边这一头也放在平衡架上。

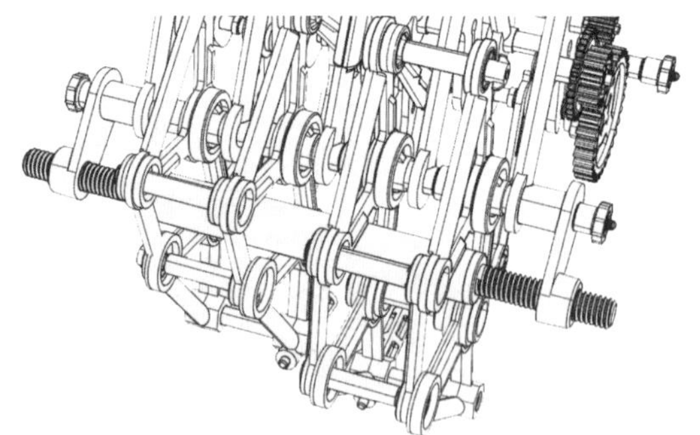

上图为平衡器装好后的样子。

装上脚和风车

1 如图所示在右腿的连杆（短）上塞入调节螺丝。

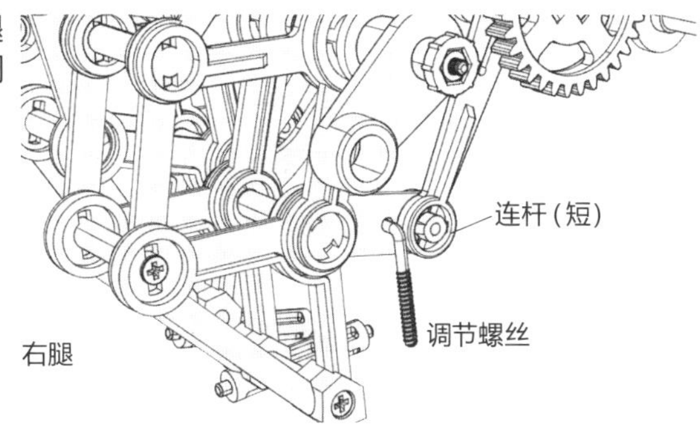

把调节腿长的零件安在调节螺丝上面。大概拧进去调节零件上所显示的 5~6 个刻度那么深。2

腿长度调节器

右腿

3 同样，在左腿上也装上此零件。需要注意的是，并不是要和右边摆成对称的样子，而是要朝向同一个方向。

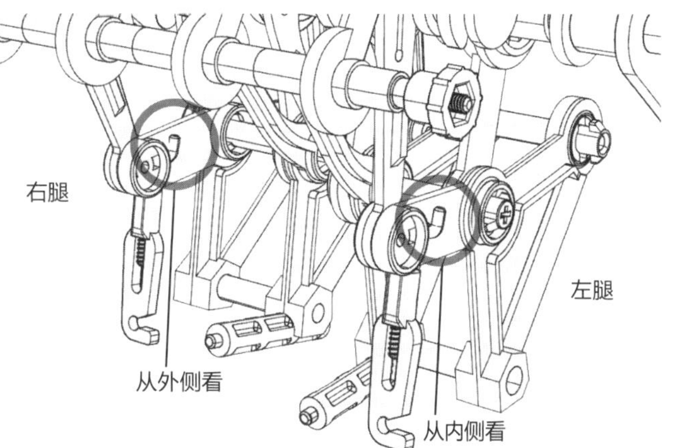

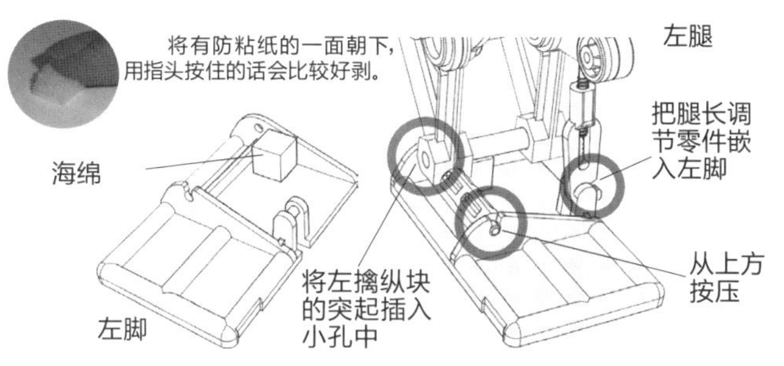

取出一块海绵，撕掉双面胶带上的防粘纸，如左下图所示粘在左脚上。然后把左脚安在左擒纵块的突起上，腿长调节零件也正好可以嵌在左脚上。4

右脚同样粘上海绵。

如第4步所示，把右脚安在右腿上。

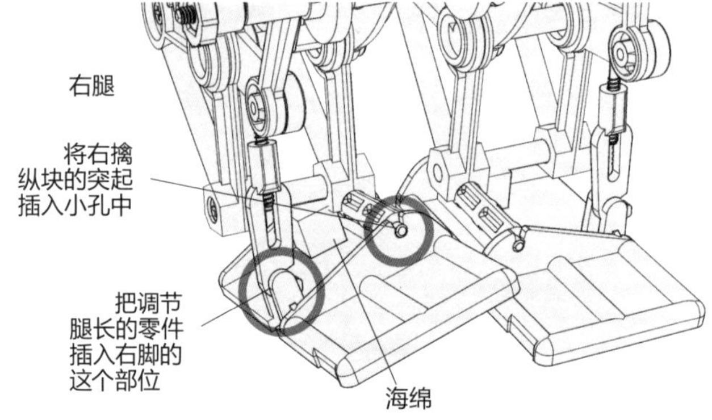

6

在脚尖的部位缠上两圈硅胶带防滑。这样两只脚就装好了。

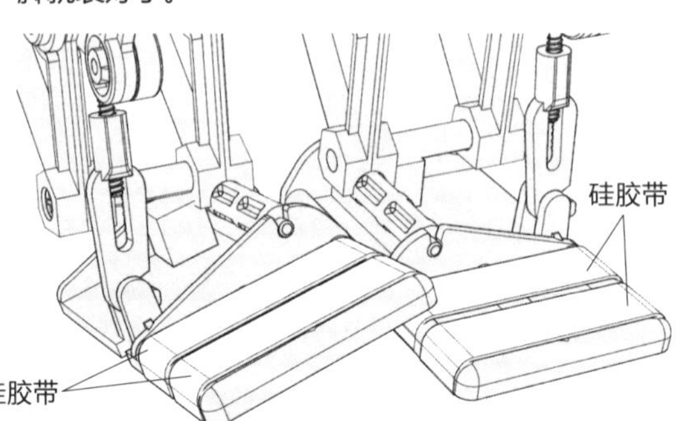

7

制作风车。先把双面胶如图所示粘在风车基座上。

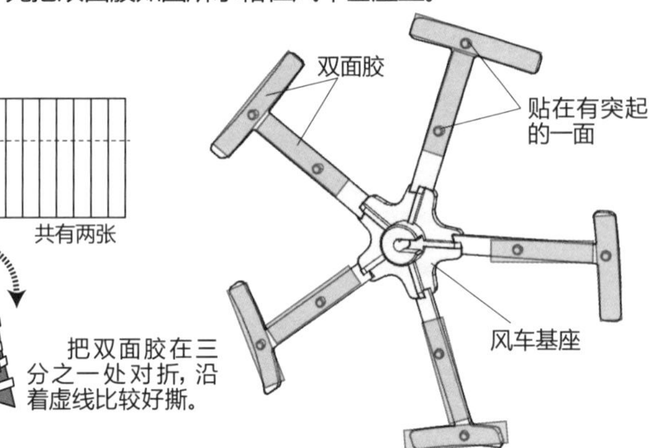

8

把扇叶贴在风车上，然后插在风车框架的转轴上。

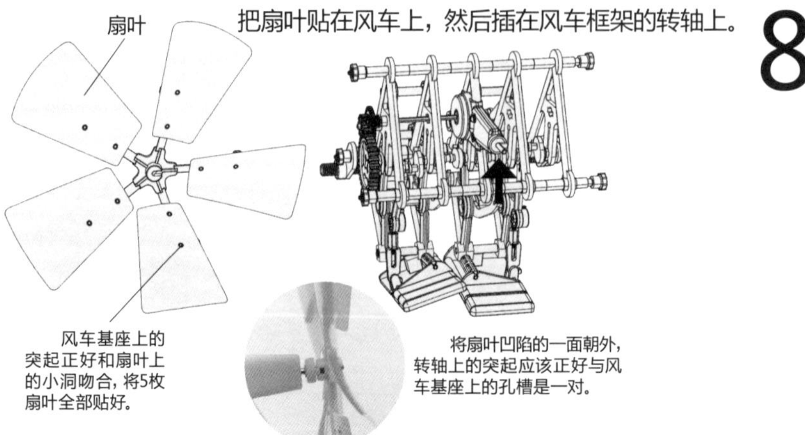

起步，走！

风力双脚机器人的使用方法

风力双脚机器人会迎着风向前进。因为风车开始转动和机器人第一次抬脚的瞬间都需要力量支持，所以我们要在送风上面下功夫。

右侧照片中所示的部分都是可以调节的。我们可以尝试多种变化组合，好好享受变化的乐趣。

平衡器

螺母可以左右移动。通过改变重心来改变走路的方式。

调节腿长的螺丝

通过改变螺丝的长短来控制抬脚的时间。过长或过短都会导致无法行走。

风车的朝向

风车的扇叶是可以调成反方向的。这么一来，需要从后面送风。无论如何，机器人都是被风推着走。

完成图

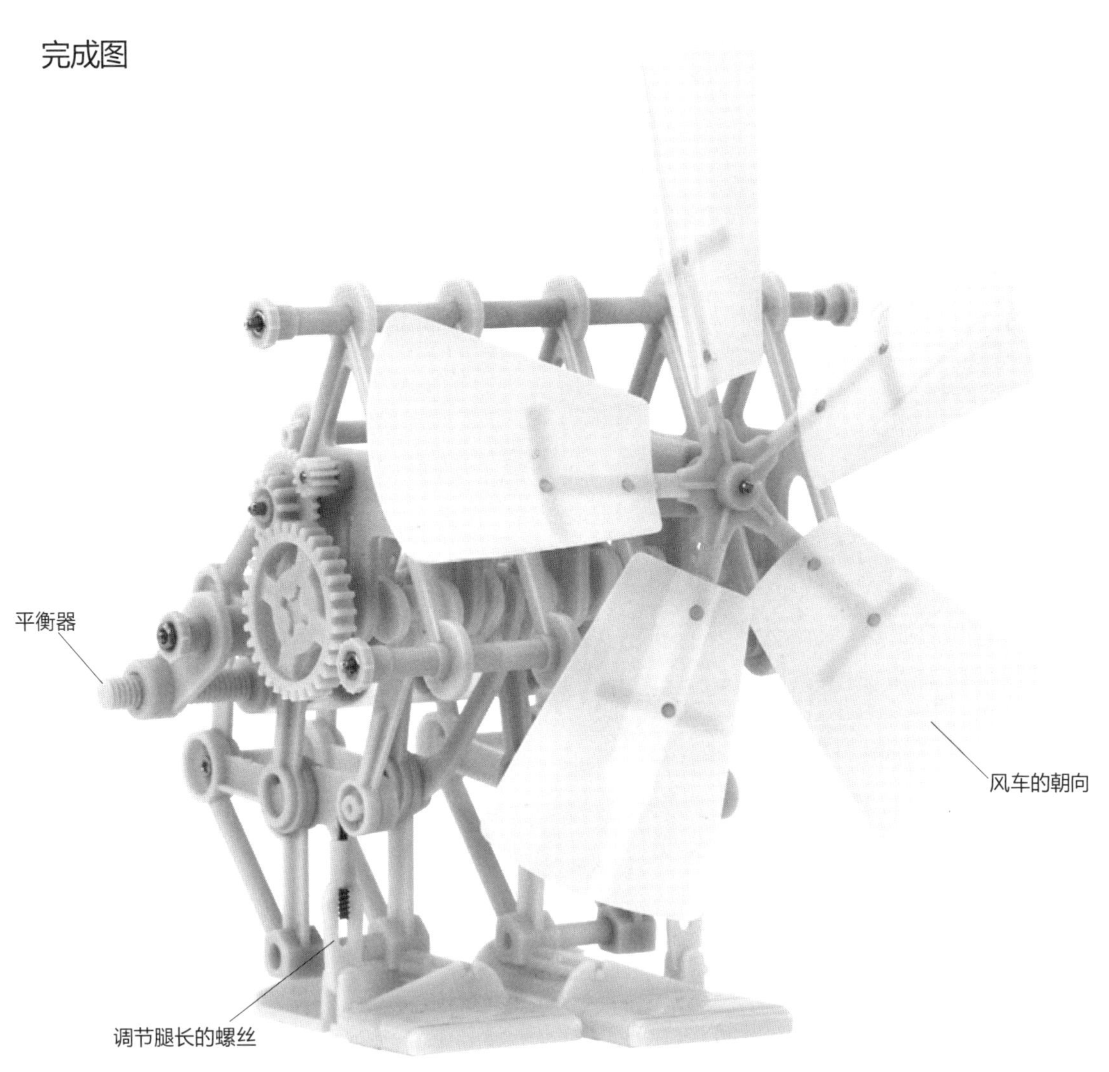

Q: 风车转得很涩。
A: 首先确认齿轮轴是不是与带转动轴的框架碰在一起了。如果是的话，还请空出一毫米的距离。

Q: 脚步很沉重。
A: 需要确认按式连杆的位置。正确的安装方法应该如 87 页的第 4 步中图示的那样。如果有一处安装错误，就会造成脚步沉重，难以行走。

Q: 倒着走。
A: 把风车的扇叶装反了。请调整过来。

Q: 动作很生硬。
A: 可能是按式连杆或者是某处的连杆松了。请确认各处的连接。

Q: 扇叶很容易松动。
A: 可能是双面胶老化了，请用强力胶重新粘好。

Q: 零件损坏或丢失。
A: 我们备有少量零件供读者调换，请咨询下列联系方式。

※ 本书及附件模型如有质量问题，请与本公司图书销售中心联系调换。
电话：010-82069336
如有任何疑问或建议，请发送电子邮件至：
drdkx2013@163.com
或关注新浪微博“@ 大人的科学 MOOK”，欢迎在线提问交流

用扇子扇风的话，幅度不要太大，尽量与风车的直径相当。

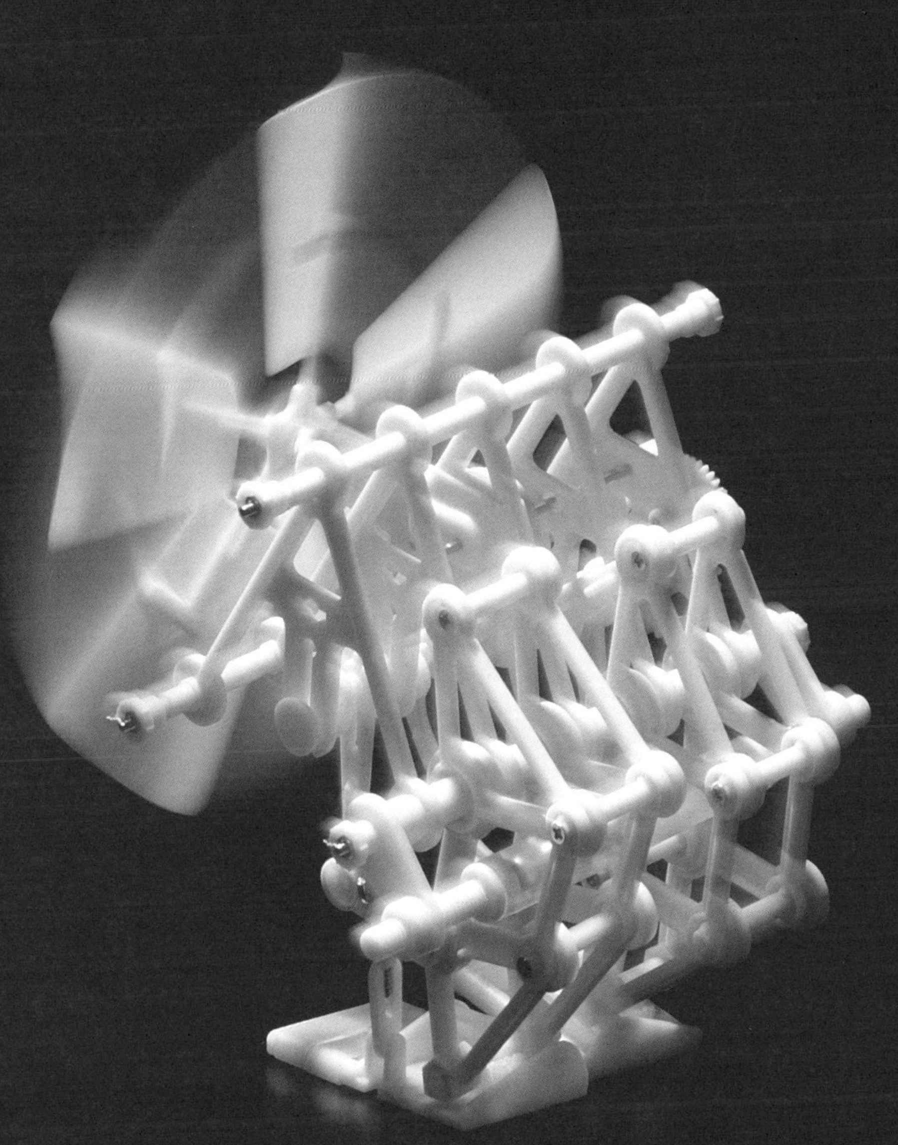

图书在版编目(CIP)数据

风力双脚机器人 / 日本学研教育出版编著；杨林蔚译. — 北京：北京联合出版公司, 2014.6（2018.3重印）
（大人的科学）
ISBN 978-7-5502-2999-0

Ⅰ. ①风… Ⅱ. ①日… ②杨… Ⅲ. ①机器人－普及读物 Ⅳ. ①TP242-49

中国版本图书馆CIP数据核字(2014)第092985号

北京市版权局著作合同登记号　图字：01-2013-7968

大人的科学

风力双脚机器人

作　　者：日本学研教育出版
译　　者：杨林蔚
责任编辑：徐秀琴
选题策划：磨铁图书
策划、监制：赵菁
特约编辑：李鑫
内文排版：陆云
特约美术：tofudesign

日方编辑人员
策划、编辑：西村俊之（总编辑）　新屋敷信美（副总编辑）
吉野敏弘　藤川沙也贺
编　　辑：上浪春海　小沼里菜　草薙洋平
佐保圭　中川悠纪子
船田巧　松本净　森山和道
装帧设计：辻中浩一
内文设计：辻中浩一　内藤万起子　永田由紀　大坪奏惠
修水　四叶加工　加藤贤策
封面插图：田川秀树
照片摄影：彩虹舍 / 小林幹彦
附件开发：小美浓芳喜　吉田知史　永冈昌光
附件制作：TRON LINK

北京联合出版公司出版
（北京市西城区德外大街83号楼9层　100088）
三河市嘉科万达彩色印刷有限公司印刷　新华书店经销
字数115千字　889毫米×1194毫米　1/16　6印张
2014年9月第1版　2018年3月第3次印刷
ISBN 978-7-5502-2999-0
定价：199.00元